Warum Elefanten
dicke Beine haben

Math is like love:

A simple idea, but it can get complicated.

R. Drabek

Helmut Albrecht

Warum Elefanten dicke Beine haben

Mathematik zum Schmunzeln und Staunen

Mit Illustrationen von Marlis Ulrich

Bibliografische Information der Deutschen Nationalbibliothek:
Die Deutsche Nationalbibliothek verzeichnet diese Publikation in der Deutschen Nationalbibliographie; detaillierte bibliographische Daten sind im Internet über http://dnb.d-nb.de abrufbar.

1. Auflage 2009

Herstellung und Verlag: Books on Demand GmbH, Norderstedt

ISBN 978-383-349-693-6

Inhaltsverzeichnis

Vorwort

Mit über 800 eingetragenen "Mathemachern" und fast 1000 Veranstaltungen bundesweit hat das „Jahr der Mathematik“ eine weitaus größere Resonanz in der Öffentlichkeit erfahren, als die Wissenschaftsjahre zuvor. Tatsächlich sind es sogar weit mehr Personen und Institutionen, die mit speziellen Veröffentlichungen, Vorträgen, Ausstellungen und weiteren Aktionen auf die Bedeutung der Mathematik hingewiesen haben. Kaum eines der früheren "Wissenschaftsjahre" ist damit in dieser Breite an die Öffentlichkeit durchgedrungen.

Spätestens zum Jahresende 2007 stand damals für alle Mathematiker die Überlegung an, ob und in welcher Form man sich am „Jahr der Mathematik“ beteiligen wolle. Für mich als Lehrenden an einer Pädagogischen Hochschule, der die Mathematik insbesondere aus dem Blickwinkel der Didaktik sieht, stand recht schnell fest, dass es etwas sein sollte, das Mathematik „popularisieren“ kann. Damit waren jedoch zwei Aufgaben verbunden, die schon einzeln nicht einfach zu lösen sind und deren Bewältigung im Verbund noch diffiziler wird:

Zum einen muss die Mathematik „unters Volk“ gebracht werden und zum anderen muss sie so unters Volk gebracht werden, dass sie für jedermann nicht nur leicht verdaulich, sondern insbesondere auch motivierend appetitlich angerichtet ist.

Das erstgenannte Problem – der „Vertriebskanal“ – konnte durch das Entgegenkommen der Gmünder REMS-ZEITUNG, wöchentlich und gar in der Regel samstags eine Kolumne zum „Jahr der Mathematik“ zu veröffentlichen, überraschend schnell gelöst werden. Dem Chefredakteur Heinz Strohmaier gebührt bereits an dieser Stelle ein ganz besonderer Dank – nicht nur für die Plattform, die er der Mathematik in seiner Zeitung zur Verfügung gestellt hat, sondern auch für die stets unkomplizierte Zusammenarbeit das ganze Jahr über.

Damit war jedoch das zweite Problem als Herausforderung verbunden, die Themen so auszuwählen und aufzubereiten, dass diese auch wöchentlich von der Leserschaft gerne und mit Gewinn gelesen werden konnten. Gefordert war damit eine knappe und kurzweilige Aufbereitung mehr oder minder alltäglicher Problemstellungen mit mathematischem Gehalt in einer allgemein verständlichen Sprache – und dies von einem Mathematiker, dessen Beruf es erfordert, knapp, präzise und in einer relativ komplexen und hoch komprimierten Sprache zu formulieren. Diese Absicht rief sogleich auch die Vorbehalte eines Kollegen auf den Plan, dass sich solch ein Vorhaben schwerlich mit einer wissenschaftlichen Denk- und Arbeitsweise würde vereinbaren lassen.
Aber – war es denn nicht das erklärte Ziel der Wissenschaftsjahre, die Wissenschaften in einen breiteren Blick der Allgemeinheit zu rücken und die Menschen für deren Themen, Methoden und Erkenntnisse zu interessieren und möglichst auch zu begeistern? Wäre es dafür nicht nur legitim sondern gar unabdingbar, die Elfenbeintürme zu verlassen und umgangssprachlich und vielleicht auch etwas unscharf über alltägliche mathematische Themen zu plaudern?

In der Tat ist doch die mathematische Sprache oft ein wesentlicher Hinderungsgrund für eine breitere Beschäftigung mit dieser Disziplin. Kleines Beispiel gefällig?

Eine Funktion, die in einer Umgebung von x_0 erklärt ist, ist dann und nur dann im Punkte x_0 stetig, wenn zu jedem $\varepsilon > 0$ ein $\delta(\varepsilon) > 0$ existiert, so dass

$$|f(x)-f(x_0)| < \varepsilon \quad \text{für} \quad |x - x_0| < \delta.$$ [1]

Der Satz enthält zweifellos alles, um den Begriff der „Stetigkeit“ exakt zu beschreiben, es geht aber wohl auch anders. In der Ma-

[1] relativ willkürlich zitiert aus: Maak: Differential- und Integralrechnung, Vandenhoeck&Rupprecht, Göttingen 1963, S. 51

thematik wird allerdings immer so getan, als sei genau diese Sprache die einzig legitime Möglichkeit, sich über Mathematik zu unterhalten. Damit wird das Erlernen dieser Sprache notwendigerweise vor die Beschäftigung mit den Inhalten gestellt.

Wer lernt denn erst ausgiebig Arabisch, um sich in Hurghada oder Sharm el Sheikh zu bräunen? Wer kann perfekt Türkisch, bevor er die Ausgrabungen von Ephesos besichtigt? Sprechen Sie die jeweilige Landessprache perfekt, bevor Sie dieses Land besuchen? Eher umgekehrt wird doch ein Schuh daraus: Nach meinem ersten dreiwöchigen Spanienaufenthalt vor vielen Jahren war ich dieser Sprache besser mächtig als der französischen nach fünf Jahren pauken im Gymnasium. Lernen wir nicht alle meist ohne die jeweiligen Sprachkenntnisse fremde Länder, deren Kultur und Landschaft kennen und schätzen? Erwächst nicht gerade daraus dann häufig ein natürliches Interesse, auch die Sprache – wenigstens in ein paar Grundzügen – zu erlernen? Und lernen wir eine Sprache nicht schneller und einfacher, wenn wir uns im betreffenden Land aufhalten?[2]

Die Mathematik ist ein sehr weitläufiges „Land“: Da gibt es mit vielen Anwendungen, uraltem Kulturgut, topaktuellen Problemen, schönen Mustern und interessanten Beziehungen ungemein viel zu entdecken. Dies alles – wenigstens ein bunter Querschnitt daraus – sollte in der wöchentlichen Kolumne dargestellt werden in einer Art und Weise, die durchaus bewusst auf die letzte wissenschaftliche Exaktheit verzichtet und eher im Plauderton präsentiert wird. Wer die übers Jahr entstandenen und hier gesammelt wiedergegebenen Beiträge aufmerksam liest, wird unschwer feststellen, dass dieser Vorsatz erst allmählich eingelöst wurde – vielleicht ein Tribut an die jahrelange Prägung.

---

[2] Seine weit ausführlicheren Gedanken über Mathematik als Sprache hat Gunter Dueck in den Mitteilungen der DMV 16/2008 ab Seite 206 exzellent dargestellt.

Natürlich war mir klar, dass ich in große – vielleicht auch zu große – Fußstapfen treten würde. Der Berliner Kollege Ehrhard Behrens hat mit seiner Mathematik-Kolumne „Fünf Minuten Mathematik" in der Zeitung „Die Welt" in den Jahren 2003 und 2004 schon Maßstäbe gesetzt[3]. Und Albrecht Beutelspacher, laut Piper „Deutschlands bester Mathematik-Erklärer", hatte bereits im Jahr 2000 in der Zeitschrift „Bild der Wissenschaft" eine ungemein kurzweilige und amüsante Mathematik-Kolumne begonnen und über viele Jahre fortgesetzt[4]. Beide Kolumnen sind inzwischen ebenfalls in Buchform auf dem Markt und sicher gibt es noch einige weitere Werke dieser Art. Allen ist aber gemein, dass sie die Mathematik aus ihrer „Schmuddelecke" herausholen wollen, die sie in der öffentlichen Meinung innehat – und dafür lohnt wirklich jede Anstrengung!

Inhaltliche Anregungen für eine solche Reihe gibt es in der Mathematik mehr als genügend. Die meisten Themen sind „altbekannt" und in aller Regel auch schon an vielen anderen Stellen – beispielsweise von den genannten Kollegen – beschrieben worden, die eigentliche Quelle dafür kann kaum mehr ausgemacht werden. Eine Ausnahme bilden die beiden Kapitel über die Mathematik im Fußball. Diese Ideen habe ich bei meinem geschätzten Kollegen Matthias Ludwig aufgegriffen, der mit seiner Verbindung von Sport und Mathematik eine faszinierende Thematik kreativ bearbeitet hat.[5]

Manche Beiträge haben ein ausgeprägtes Lokalkolorit. Wie in keiner anderen Stadt werden in Schwäbisch Gmünd alljährlich im Juni die Jahrgangsfeste über mehrere Wochenenden im großen Rahmen gefeiert und im ebenfalls jährlich stattfindenden Gmünder „Festival der Europäischen Kirchenmusik" spielt naturgemäß

---

[3] Behrends, Ehrhard: Fünf Minuten Mathematik, Vieweg, Wiesbaden 2006

[4] Beutelspacher, Albrecht: Einmal sechs Richtige, Piper, München 2007

[5] Ludwig, Matthias: Mathematik+Sport, Olympische Disziplinen im mathematischen Blick, Vieweg&Teubner, Wiesbaden 2008

die Orgel eine wichtige Rolle. Auf solche Bezüge sollte aufgrund der vornehmlich lokalen Verbreitung natürlich eingegangen werden.

Die Serie startete am 12. Januar mit einem erfreulich großen Aufmacher („2008: Das Jahr der Mathematik") und der ersten Kolumne („2008, ein Schaltjahr"). Am 29. Dezember 2008 widmete die Remszeitung dem Jahr der Mathematik neben der letzten Kolumne („Prosit Neujahr") einen ganzseitigen Rückblick. Für diesen Rückblick war von der Redaktion ausdrücklich noch eine „mathematische Aufgabe" erbeten worden, deren Auflösung erst in der Folgeausgabe bekannt gegeben werden sollte. Dafür schien mir eine Aufgabe passend, die ich von einem Dozentenaustausch im Rahmen des Erasmus-Programms aus Turku in Finnland mitgebracht hatte („Von Drachen, Schlangen und Krokodilen").

All diese Beiträge und noch ein paar zwischenzeitlich entstandene Ergänzungen bilden den Inhalt dieses Buches. Die Kolumnen sind dafür nur unwesentlich überarbeitet worden, man wird ihnen beim Lesen hier und da sicher noch anmerken, für welchen Zweck sie ursprünglich geschrieben wurden. Diese ursprüngliche Intention sollte der Authentizität wegen allerdings bewusst erhalten bleiben. Beim Lesen ist deshalb u. a. zu berücksichtigen, dass sich Jahreszahlen und Daten auf das Jahr der Mathematik 2008 beziehen.

Die Idee zu diesem Buch entstand während des Jahres aufgrund der positiven Rückmeldungen vieler Leser aus ganz unterschiedlichen Kreisen, die mich persönlich, per eMail oder als Leserbrief erreichten. Neben dem „Rückenwind", den eine solche Resonanz naturgemäß erzeugt, freute ich mich besonders darüber, dass offensichtlich die ursprüngliche Absicht erreicht werden konnte, Mathematik im räumlichen Umfeld zu popularisieren. Allen Rückmeldungen gemein war allerdings die Frage, ob es denn diese Kolumnen einmal auch in „gesammelter Form" geben würde. Diesem Wunsch bin ich hiermit gerne nachgekommen.

Dass das Redigieren der vorhandenen Beiträge, das Schreiben einiger Ergänzungen und insbesondere das Zusammenstellen zu einem druckfertigen Erzeugnis durchaus mit einigen Mühen verbunden war, will ich nicht verschweigen. Weit überwogen hat jedoch die persönliche Freude an der Erarbeitung und Darstellung mathematischer Alltagssituationen sowie der Spaß, einmal mathematische Zusammenhänge abseits einer streng formalen Syntax und „frei von der Leber weg" darstellen zu können. Diese Freude und diesen Spaß wünsche ich auch Ihnen bei der Lektüre!

Geschrieben ist dieses Buch „für alle": All diejenigen, die (noch) keine große Affinität zur Mathematik verspüren, können es einfach lesen und sich über manche Zusammenhänge und vielleicht auch manches Merkwürdige wundern und staunen. Denjenigen, die sich in der Materie etwas bewanderter fühlen, dient es vielleicht als Anregung, die hier doch recht knapp abgehandelten Themen aufzugreifen und selbst noch genauer zu erschließen. Und diejenigen, die sich beruflich mit Mathematik beschäftigen, können hoffentlich mit den Vereinfachungen und fachlichen Abstrichen leben, die ich im Blick auf einen möglichst breiten Leserkreis vorgenommen habe.

Diesem möglichst breiten Leserkreis ist auch die Tatsache geschuldet, dass häufig nur Ergebnisse genannt werden und eher selten die konkrete Berechnung durchgeführt wird. Dies geschah in dem Bewusstsein, dass lange Rechnungen und Gleichungsumformungen den Lesefluss stören und auf alle Menschen, die keinen besonderen Bezug zur Mathematik haben, eher abschreckend wirken. All den Neugierigen unter den Lesern mag dies als Ansporn dienen, das individuell vorhandene, aber vielleicht verschüttete Schulwissen wieder freizulegen und den präsentierten Ergebnisse nachzuspüren.

Ganz allein habe ich es nicht geschafft, dieses Werk zu „stemmen": Wenn man so viel Text produziert, braucht es zum einen unbedingt noch ein zweites Augenpaar zur Kontrolle des Geschriebenen. Für kritische Rückfragen und Anregungen zur inhaltlichen Ausgestaltung und eine stilsichere, aber unerbittliche Überwachung von Syntax und Semantik („Das geht so aber gar nicht!"), danke ich meiner Frau Angelika ganz herzlich. Sollten trotzdem noch Ungereimtheiten verblieben sein, so gehen diese selbstverständlich allein auf mein Konto!

Wenn man so viel Text produziert, so sollte dieser andererseits unbedingt in etwas aufgelockerter Form präsentiert werden. Da sich in meinen Genen offensichtlich kein Erbgut findet, das mir eine grafische Ausgestaltung von eigener Hand ermöglicht hätte, bin ich froh und dankbar, dass Marlis Ulrich kurz entschlossen diesen Part übernommen hat. Ich bin immer wieder freudig überrascht, wie sie es schafft, „mit ein paar Strichen" das Wesentliche elegant und manchmal augenzwinkernd auf den Punkt zu bringen.

Iggingen, im April 2009

2008: Das Jahr der Mathematik

Seit dem Jahr 2000 richtet das Bundesministerium für Wissenschaft und Forschung die „Wissenschaftsjahre“ aus. Ziel ist es, die Wissenschaften in einen breiteren Blickpunkt der Öffentlichkeit zu rücken und insbesondere junge Menschen für wissenschaftliche Themen zu interessieren. Nach der Physik, den Geo- und Lebenswissenschaften, der Chemie und der Technik, nach dem Einsteinjahr 2005 und dem Jahr der Informatik und der Geisteswissenschaften ist 2008 nun – endlich – auch die Mathematik an der Reihe.

Wie nötig die Mathematik ihr Wissenschaftsjahr hat, zeigt bereits die späte Einordnung in diese Reihenfolge. Jakob I. Bernoulli, ein Mitglied der berühmten Schweizer Mathematiker-Familie, hat bereits Ende des 17. Jahrhunderts selbstbewusst formuliert: „Jede Wissenschaft bedarf der Mathematik, die Mathematik bedarf keiner.“ Die anderen Wissenschaften bezeichnen die Mathematik gerne als „Hilfswissenschaft“: Mobiltelefone, Navigationssysteme, Computertomographen, Medikamente, entschlüsselte Gensequenzen und viele andere aktuelle Anwendungen verschiedener Wissenschaften erleichtern unser Leben. Die Technik, die Physik, die Chemie, die Medizin und all die anderen Disziplinen sind zu Recht stolz auf ihre Errungenschaften. Die Mathematik, die für all diese Entdeckungen durch ihre Methoden erst den Boden bereitet hat, wird bei der Aufzählung der Urheber in aller Regel jedoch unterschlagen. Viel schlimmer noch: Da die Mathematik üblicherweise zweckfrei betrieben wird und daher nicht mit solch überzeugenden Anwendungen wie den oben genannten aufwarten kann, haftet ihr leicht die Aura des Abgehobenen und Weltfremden an.

Bekannt ist vielleicht die Geschichte des verirrten Ballonfahrers, der einen Fußgänger am Boden um Hilfe fragt, er möge ihm doch bitte seinen Standort nennen. Nach sehr langem Nachdenken kommt die Antwort: „In einem Ballonkorb!“. Darauf stellt der Ballonfahrer resignierend fest: „Sie müssen Mathematiker sein:

Ihre Antwort hat lange auf sich warten lassen, sie ist zweifellos richtig – aber sie nützt mir trotzdem nichts!“

Es ist daher längst an der Zeit, dass mindestens der Versuch unternommen wird, die Mathematik aus diesem weltfremden Elfenbeinturm zu befreien, in welchem sie ungerechtfertigter Weise steckt. Wie nötig dies ist, zeigen die Reaktionen der Gesprächspartner/innen, wenn man sich als Mathematiker „outet“: Nach der zunächst meist treuherzig geheuchelten Anerkennung ob der beinahe übermenschlichen Geisteskraft des Mathematikers weicht diese dann schnell einem subtil geäußerten Unverständnis über dessen unergründliches Tun und Treiben, um schließlich in der Aussage zu münden: „In Mathe war ich immer schlecht!"[6] Dieses Kokettieren mit der eigenen Leistungsschwäche ist in keinem Fach so ausgeprägt wie in der Mathematik, sogar Politiker stehen gerne dazu. Das Jahr der Mathematik kam somit gerade recht, um zu zeigen, dass die Beschäftigung mit ihr, ein Einlassen auf ihre Regeln und Methoden, ein durchaus spannendes und lohnendes Abenteuer ist.

Dazu ist es insbesondere nötig, den Blick auf die ganze Bandbreite der Mathematik zu weiten. In der Öffentlichkeit wird Mathematik zumeist mit „Rechnen" gleich gesetzt. Schuleingangsuntersuchungen belegen, dass über 90% der ABC-Schützen bereits relativ hohe arithmetische Kenntnisse haben: Sie können im Zahlenraum bis zehn vorwärts und meist auch rückwärts zählen und kleine Additions- und Subtraktionsaufgaben durchführen – weil sie von Eltern und Großeltern darauf gedrillt wurden. Geometrische Grundkenntnisse sind weit schwächer und andere wichtige „mathematische Fähigkeiten" kaum ausgebildet. Dabei legt die Mathematik selbst kein großes Gewicht auf das Rechnen. Ein ehemaliger Kollege behauptete immer: „Es gibt genau drei Arten von Mathematikern: Die einen können auf drei zählen, die anderen nicht!"

Was sind denn nun aber diese anderen Aspekte der Mathematik? In der didaktischen Diskussion hat sich bereits seit den achtziger Jahren des vorigen Jahrhunderts ein Konsens herausgebildet, der beispielsweise in den Bildungsplänen Baden-Württembergs von 2003 zum Ausdruck kommt. Danach wird die Mathematik in verschiedene Leitideen aufgeteilt, welche ihre breite Konzeption deutlich machen sollen. Es sind dies die Leitideen „Zahl", „Messen", „Raum und Form", „Muster und Strukturen", „Funktionaler Zusammenhang", Modellieren" und „Daten und Zufall". Mag damit auch der Blick etwas geweitet sein, mit den damit verbun-

[6] Dies ist auch der Titel eines lesenswerten Buchs: Beutelspacher, Albrecht: „In Mathe war ich immer schlecht …", Vieweg, Braunschweig, 2001[3]

denen Inhalten der Schulmathematik ist längst noch nicht die Mathematik als Wissenschaft auch nur annähernd umschrieben. Für eine Disziplin, die auf eine mehr als 5000-jährige Geschichte zurückblicken kann, ist es naturgemäß nicht einfach, sich mit ein oder zwei Sätzen treffend zu charakterisieren. Die Mathematik ist heute in 63 Hauptgebiete eingeteilt, die sich schließlich in mehr als 5000 Unterkategorien aufteilen. Ein Mathematiker fühlt sich in vielleicht einem Dutzend dieser Unterkategorien wirklich kompetent, über andere Gebiete hat er kaum mehr als einen Überblick – die Spezialisierung macht auch vor der Mathematik nicht Halt. Als Andrew Wiles 1993 den Beweis für „Fermats letzten Satz“[7] verkündete, soll es kaum mehr als 10 Fachkollegen auf der ganzen Welt gegeben haben, die diesen Beweis wirklich verstanden haben.

Naturgemäß gehen daher die Ansichten, was Mathematik ist, selbst unter den Mathematikern deutlich auseinander. Dass die Mathematik aber nicht nur und ausschließlich aus „Rechnen“ besteht, darin sind wir Mathematiker uns einig. In der letzten Zeit hat sich die Definition als „Wissenschaft von Mustern und Strukturen“[8] herausgebildet. Muster und Strukturen lassen sich natürlich innerhalb der Zahlen entdecken, aber eben auch in der Geometrie, der Algebra ohnehin und in all den anderen Teilgebieten, die heute zur Mathematik zählen. In einem weiteren Punkt besteht ebenfalls Einigkeit: Mathematik abstrahiert, indem sie spezielle Eigenschaften von Objekten aufgreift, die im jeweiligen Kontext sinnvoll sind und dann Beziehungen zwischen diesen abstrakten Objekten herstellt und untersucht.

---

[7] Ein ebenfalls lesenswertes Buch über die „abenteuerliche Geschichte eines mathematischen Rätsels“: Singh, Simon: Fermats letzter Satz, dtv, München, 2000

[8] So sieht es beispielsweise Keith Devlin in seinem auch für Nichtmathematiker leicht lesbaren Buch: Devlin, Keith, J.: Muster der Mathematik – Ordnungsgesetze des Geistes und der Natur, Spektrum, Heidelberg 2002

Mathematik findet somit in erster Linie im Kopf statt, man muss sie „denken“. Dabei ist es nicht nur zulässig, sondern üblich und ungemein hilfreich, seine Gedanken in Skizzen oder Zeichen zu Papier zu bringen, um die immanenten Beziehungen besser herausarbeiten und verstehen zu können. Mathematik erfährt und praktiziert man letztlich nur durch eigenes „Tun“.

Ein Problem der Mathematik ist, dass diese universelle Regel von der breiten Allgemeinheit problemlos für das Erlernen eines Instruments oder einer Sportart akzeptiert, im Zusammenhang mit dem Erlernen von Mathematik aber auf breiter Front ignoriert wird. Vielleicht mangelt es dafür aber auch nur an den passenden Gelegenheiten und Beispielen. Nachfolgend deshalb der Versuch, durch Aufgreifen ganz unterschiedlicher mathematischer Themen vielfältige Anregungen zu geben, Altbekanntes neu zu entdecken und über manches Neue nachzudenken. Dabei beginnen wir mit Themen, die mit dem vertrauten Rechnen zu tun haben, um allmählich den Blick hin auf die breite Vielfalt der Mathematik zu weiten.

Für dieses wöchentliche Forum, das im Jahre 2008 eine Schwäbisch Gmünder Tageszeitung der Mathematik freundlich zur Verfügung stellte, gebührt dem ein- und weitsichtigen Chefredakteur ein ganz besonderer Dank. Andererseits stellte dieses Entgegenkommen aufgrund des beschränkten Platzangebots in einer Tageszeitung eine enorme Herausforderung dar: Mathematik wird ja auch deshalb meist als „unverständlich und abgehoben“ erfahren, weil sich Mathematiker einer exakten, aber auch hoch komprimierten Sprache bedienen (müssen), um Irrtümer in der Kommunikation untereinander auszuschließen. Sollen jedoch Mathematik und mathematische Inhalte einem breiteren Leserkreis nahe gebracht werden, verbietet sich diese effiziente Sprache selbstverständlich. Die darzustellenden mathematischen Objekte und deren Beziehungen müssen daher umgangssprachlich umschrieben und erklärt werden – was den Text natürlich aufbläht. Für den Mathematiker als Autor kommt erschwerend hinzu, dass im Zeitungssatz keine Formeln dargestellt werden können. Dies dürfte andererseits all diejenigen Leser freuen, die durch Formeln abgeschreckt werden. Es bleibt zu hoffen, dass der Kompromiss zwischen Exaktheit und Verständlichkeit hinreichend gut gelungen ist, um Sie als Leserinnen und Leser auch über das „Jahr der Mathematik“ hinaus für einen erweiterten Blick auf eine durchaus faszinierende Wissenschaft zu begeistern.

1. 2008: Ein Schaltjahr

Das „Jahr der Mathematik" ist ein Schaltjahr. Diese sind nötig, weil die Zeitdauer für den jährlichen Umlauf der Erde um die Sonne nicht in einer ganzen Tagesanzahl ausgedrückt werden kann: Es dauert exakt 365 Tage, 5 Stunden, 48 Minuten und 45 Sekunden, bis die Erde nach einem Sonnenumlauf wieder an genau derselben Position im Weltall steht. Die „übliche" Jahreslänge mit 365 Tagen reicht damit der Erde nicht für eine ganze Umrundung der Sonne aus.

Die Position der Erde bei ihrem Umlauf um die Sonne bestimmt die Jahreszeiten, für den Frühlingsbeginn muss die Erde jedes Jahr eine exakte Position auf ihrer Kreisbahn um die Sonne erreichen. Wenn die Erde diesen Punkt jedes Jahr mit etwa sechs Stunden Verspätung erreicht, findet der tatsächliche Frühlingsanfang alle vier Jahre einen Tag später als im Kalender angegeben statt. Bereits zu Zeiten von Julius Cäsar hatte man dies erkannt und deshalb das Schaltjahr geschaffen: Bei allen durch vier teilbaren Jahren wurde ein Tag in den Jahreskalender eingefügt, so dass die Erde auf ihrer Sonnenbahn in diesen Schaltjahren ihre Verspätung wieder „aufholen" kann.

Das mittlere Julianische Jahr mit 365 Tagen und 6 Stunden war nun aber um 11 Minuten und 15 Sekunden zu lang. Dies hatte nun gerade den umgekehrten Effekt, die Erde eilte auf ihrer Sonnenbahn dem Kalender voraus! Diese Ungenauigkeit war zwar wesentlich geringer als ihre vormalige Verspätung, aber mit der Zeit summierte sie sich doch erheblich auf: Bis zur letzten großen Kalenderreform durch Papst Gregor XIII im Jahre 1582 war die Sonne dem Julianischen Kalender 10 Tage voraus.

Dieses Problem löste man, indem 10 Tage aus dem Kalender herausgenommen wurden: Auf den 4. Oktober folgte sofort der 15. Oktober 1582. Außerdem wurde festgelegt, zukünftig gezielt Schaltjahre „ausfallen" zu lassen. Nach wie vor ist jedes durch 4 teilbare Jahr ein Schaltjahr, allerdings nicht, wenn es auch durch

100 teilbar ist. Ausnahme: Jahre, die durch 400 teilbar sind, sind Schaltjahre. Diese Regel ist nun so genau, dass erst nach etwa 3200 Jahren eine weitere Korrektur notwendig wäre. Ob dann allerdings unsere heutige Form des Kalenders noch Bestand haben wird, sei mal dahingestellt.

2. Hilfe beim Teilen: Die Endstellenregel (1)

Um festzustellen, ob ein Jahr ein Schaltjahr ist, müssen wir die Jahreszahl zunächst auf ihre Teilbarkeit durch 4 untersuchen. In vielen anderen Fällen ist es ebenfalls ausreichend zu wissen, ob denn eine gegebene Zahl durch eine andere Zahl ohne Rest teilbar ist. Geläufig ist hierfür sicher die so genannte Endstellenregel: Wir „sehen" einer Zahl – und mag sie noch so viele Stellen haben – auf einen Blick an, ob diese durch 2, 5 oder 10 teilbar ist.

Diese Endstellenregel „funktioniert", weil wir im Dezimal-System immer eine Zehnerbündelung vornehmen, es ist dort ja von Zehnern, Hundertern, Tausendern u.s.w. die Rede. Haben wir beispielsweise 4736 Perlen in Zehnerbeutel zu verpacken, so erhalten wir genau 473 Zehnerbeutel und 6 Perlen bleiben als „Einer" übrig. Die 4730 Perlen in den 473 Zehnerbeuteln haben wir „durch 10 geteilt" und da 5 und 2 ihrerseits Teiler von 10 sind, lassen sich die 4730 Perlen auch durch 5 und durch 2 teilen.

Alle Zahlen mit einer 0 als Endstelle lassen sich somit durch 10, 5 und 2 teilen. Die anderen Zahlen teilen wir auf in eine Zehnerzahl plus Einerzahl, z.B.: 4736 = 4730 + 6. Die Zehnerzahl ist auf jeden Fall durch 10, 5 und 2 teilbar, also müssen wir nur noch die Endstelle untersuchen. 4736 ist somit durch 2 teilbar, weil 4730 durch 2 teilbar ist und 6 ebenfalls durch 2 teilbar ist. 4730 ist zwar auch durch 5 teilbar, allerdings ist 6 nicht durch 5 teilbar, also ist die gesamte Zahl 4736 nicht durch 5 teilbar. Die erläuterte Endstellenregel deckt somit die Frage nach der Teilbarkeit durch 2, 5 und 10 ab.

3. Hilfe beim Teilen: Die Endstellenregel (2)

Die Endstellenregel beantwortet die Frage nach der Teilbarkeit durch 2, 5 und 10. Wie ist es aber mit der weiter oben aufgeworfenen Frage der Teilbarkeit einer Zahl durch 4 für die Bestimmung von Schaltjahren?

Die dargestellte Bündelung in Zehnerpäckchen hilft uns hier nicht weiter, da 10 nicht durch 4 teilbar ist. Allerdings ist 100 durch 4 teilbar, daher bündeln wir in Hunderterpäckchen: 4736 lässt sich in 47 Hunderterpäckchen aufteilen und wir wissen sofort, dass diese Zahl 4700 durch 4 teilbar ist. Beim Bündeln bleiben 36 übrig und diese Zahl lässt sich – wie man „sieht" – ebenfalls durch 4 teilen. Also ist die ganze Zahl 4736 durch 4 teilbar. Für die Teilbarkeit durch 4 müssen wir unsere Endstellenregel somit etwas erweitern und die letzten beiden Endstellen betrachten. Die Teilbarkeit einer zweistelligen Zahl durch 4 lässt sich relativ leicht im Kopf überprüfen, so dass auch diese Endstellenregel hilfreich ist und Sie somit ohne Blick in den Kalender feststellen können, ob ein bestimmtes Kalenderjahr ein Schaltjahr war oder sein wird.

Da 1000 durch 8 teilbar ist, können wir unsere Endstellenregel noch etwas weiter ausbauen: 4736 = 4000 + 736. Da jede Tausenderzahl durch 8 teilbar ist, müssen wir nun die letzten drei Ziffern untersuchen und wenn diese dreistellige Zahl durch 8 teilbar ist, dann ist es auch die ganze Zahl. Spätestens an dieser Stelle wird allerdings deutlich: Ganz ohne Kopfrechnen nützen uns auch die schönsten Regeln nichts …

4. Hilfe beim Teilen: Die Quersummenregel

Mit Hilfe der Endstellenregel können wir gegebene Zahlen leicht auf deren Teilbarkeit durch 2, 4, 5, 8 und 10 untersuchen. Die Teilbarkeit durch andere Zahlen kann mit der Quersummenregel überprüft werden: Ist die Quersumme einer Zahl durch 9 (bzw. durch 3) teilbar, dann ist auch die Zahl selbst durch 9 (bzw. 3) teilbar. Auch diese Regel hängt direkt mit dem Dezimalsystem zusammen. Bereits beim Sprechen der Zahl 6273 wird deutlich, dass sie aus 6 Tausendern, 2 Hundertern, 7 Zehner und 3 Einern besteht. Wir notieren ausführlich:

$$6273 = \mathbf{6} \cdot 1000 + \mathbf{2} \cdot 100 + \mathbf{7} \cdot 10 + \mathbf{3}$$

Oder, was dasselbe ist:

$$6213 = \mathbf{6} \cdot (999+1) + \mathbf{2} \cdot (99+1) + \mathbf{7} \cdot (9+1) + \mathbf{3}$$

All die Zahlen 9, 99, 999, 9999 u.s.w. sind durch 9 und damit auch durch 3 teilbar. Wir rechnen weiter, indem wir das Distributivgesetz anwenden:

$$6213 = (\mathbf{6}\cdot 999+\mathbf{6}\cdot 1) + (\mathbf{2}\cdot 99+\mathbf{2}\cdot 1) + (\mathbf{7}\cdot 9+\mathbf{7}\cdot 1) + \mathbf{3}$$

Da 999 durch 9 teilbar ist, ist auch das Vielfache $6 \cdot 999$ durch 9 teilbar. Da 99 durch 9 teilbar ist, ist auch das Vielfache $2 \cdot 99$ durch 9 teilbar u.s.w. Bei der Frage nach der Teilbarkeit können wir diese „Neunerzahlen“ und ihre Vielfachen außer Acht lassen, da sie alle durch 9 und damit auch durch 3 teilbar sind. Wir müssen nur noch untersuchen, ob

$$\mathbf{6}\cdot 1 + \mathbf{2}\cdot 1 + \mathbf{7}\cdot 1 + \mathbf{3}$$

durch 9 (bzw. 3) teilbar ist. Dieser Ausdruck ist aber genau die Quersumme einer Zahl, bei welcher all ihre Ziffern aufsummiert werden.

Beim Bilden der Quersumme sehr großer Zahlen kann es natürlich passieren, dass die Quersumme selbst so groß wird, dass wir deren Teilbarkeit durch 9 nicht ohne Weiteres „sehen“ können. In solchen Fällen ist es ganz praktisch, dass man die Quersummenregel „geschachtelt“ anwenden kann: Man bildet dann die Quersumme der Quersumme und untersucht diese Zahl auf ihre Teilbarkeit durch 9 oder 3. Man erfährt dabei nicht nur, ob eine Zahl durch 9 oder 3 teilbar ist, sondern auch welcher Rest bleibt, falls die Division nicht aufgeht. Ausprobieren!

5. Die Teilbarkeit durch 11

Alle zweistelligen Vielfachen von 11 sind schnell daran zu erkennen, dass sie aus zwei gleichen Ziffern bestehen. Damit ist auch leicht zu entscheiden, welche zweistelligen Zahlen durch 11 teilbar sind. Bei drei- und mehrstelligen Zahlen ist diese augenscheinliche Teilbarkeit durch 11 jedoch nicht mehr erkennbar, da diese Elferzahlen kein auffälliges Ziffernmuster mehr bilden. Erfreulicherweise gibt es jedoch auch für mehrstellige Zahlen noch eine einfache Methode, diese auf ihre Teilbarkeit durch 11 zu untersuchen. Dieses Verfahren beruht ebenfalls auf unserem dezimalen Stellenwertsystem und ist demjenigen zur Untersuchung der Teilbarkeit durch 3 und 9 sehr ähnlich. Am besten machen wir es gleich am Beispiel der Zahl 47839 deutlich, die sich auch in der folgenden Form schreiben lässt:

$$\mathbf{4} \cdot 10000 + \mathbf{7} \cdot 1000 + \mathbf{8} \cdot 100 + \mathbf{3} \cdot 10 + \mathbf{9}$$

Nun ist es so, dass unsere Zehnerpotenzen 10, 100, 1000, 10000 u.s.w. immer genau um 1 kleiner oder größer sind als ein Vielfaches von 11. So ist beispielsweise 10=11–1, 100=99+1, 1000=1001–1 und so weiter. Dabei sind aufeinander folgende Zehnerpotenzen immer abwechselnd um 1 größer und um 1 kleiner als ein Vielfaches von 11. Für die Darstellung unserer Zahl 47839 im Zehnersystem können wir also ebenso gut schreiben:

$$\mathbf{4} \cdot (9999+1) + \mathbf{7} \cdot (1001-1) + \mathbf{8} \cdot (99+1) + \mathbf{3} \cdot (11-1) + \mathbf{9}$$

Wendet man nun das Distributivgesetz an und multipliziert die Klammern aus, so erhält man:

$$\mathbf{4} \cdot 9999 + \mathbf{4} + \mathbf{7} \cdot 1001 - \mathbf{7} + \mathbf{8} \cdot 99 + \mathbf{8} + \mathbf{3} \cdot 11 - \mathbf{3} + \mathbf{9}$$

Da 9999, 1001, 99 und 11 allesamt durch 11 teilbar sind, sind es auch deren Vielfache 4·9999, 7·1001, 8·99 und 3·11. Bei der Frage der Teilbarkeit durch 11 können wir diese Vielfachen von 11 unberücksichtigt lassen, wir müssen nur noch untersuchen, ob der verbleibende Ausdruck

$$+4 \quad -7 \quad +8 \quad -3 \quad +9$$

durch 11 teilbar ist. In diesem Ausdruck erscheinen genau die Ziffern unserer zu untersuchenden Zahl 47839 und zwar mit abwechselnden Vorzeichen: Die Einerstelle wird addiert, die Zehnerstelle subtrahiert, die Hunderter werden addiert, die Tausender subtrahiert u.s.w, dies nennt man die „alternierende Quersumme". Für 47839 beträgt die alternierende Quersumme genau 11 und da die alternierende Quersumme durch 11 teilbar ist, ist es auch die Zahl selbst.

Die Zahl 93929 hat die alternierende Quersumme 22 und ist damit ebenfalls durch 11 teilbar, was sicher leicht einzusehen ist. Etwas problematischer ist beispielsweise 43593 mit der alternierende Quersumme 0. Da jedoch die alternierende Quersumme auch immer den Rest angibt, der bei einer Division durch 11 übrig bleibt, ist klar, dass bei einem Rest von 0 die Division aufgegangen ist. Schließlich kann es noch passieren, dass die alternierende Quersumme negativ wird. Zum Beispiel erhält man aus der Zahl 919193 die alternierende Quersumme –22. Da –22 aber das –2-fache von 11 ist, ist es umgekehrt durch 11 teilbar und damit auch die Zahl 919193.

6. Ein „verquerer" Rechentrick

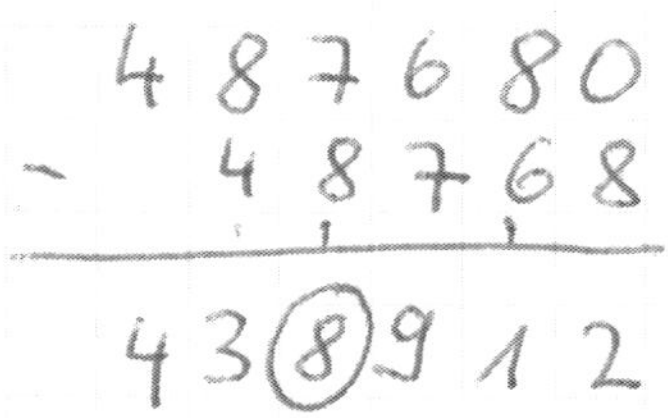

Bitten Sie beim nächsten Stammtischbesuch einen Ihrer Stammtischbrüder, eine beliebige mehrstellige Zahl zu notieren, die Sie nicht sehen dürfen. An diese mehrstellige Zahl soll rechts eine 0 angehängt und die ursprüngliche Zahl ohne die angehängte 0 nochmals rechtsbündig darunter geschrieben werden. Dann wird die untere von der oberen Zahl subtrahiert und im Ergebnis eine beliebige Ziffer eingekringelt– allerdings keine 0, da die ja selbst schon ein „Kringel" ist! Sie lassen sich alle Ziffern des Ergebnisses bis auf die eingekreiste sagen und nennen spontan die eingekringelte Ziffer. Kaum jemand wird Ihnen bei diesem Trick auf die Schliche kommen – es sei denn, er hat das obige Kapitel zur Quersummenregel aufmerksam gelesen. Die dort genannte Regel gilt auch umgekehrt: „Wenn eine Zahl durch 9 teilbar ist, dann ist ihre Quersumme ebenfalls durch 9 teilbar." Damit ist der „Trick" bereits entzaubert: Durch das „Anhängen" einer 0 an eine Zahl multiplizieren wir diese praktisch mit 10. Wenn wir eine Zahl von deren Zehnfachen subtrahieren, erhalten wir das Neunfache der Zahl. Dieses „Neunfache" ist jedoch – wie der Name schon verrät – durch 9 teilbar. Nach unserer obigen Regel muss allerdings auch deren Quersumme durch 9 teilbar sein. Wenn die Ziffern der Differenz genannt werden, addieren Sie diese im Kopf und ergänzen die Summe auf die nächst größere, durch 9 teilbare Zahl. Diese Ergänzungszahl ist die Ihnen verschwiegene eingekringelte Ziffer.

7. Weitere Rechentricks

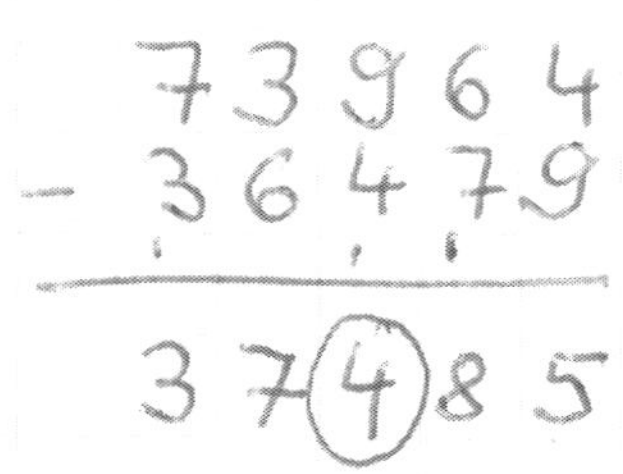

Auf der mathematischen Grundlage des eben geschilderten Tricks können Sie mit zwei weiteren Kunststücken am Stammtisch verblüffen: Es soll eine mehrstellige Zahl aufgeschrieben werden. Die Ziffern dieser Zahl werden beliebig gemischt und daraus eine zweite Zahl kreiert. Man subtrahiert die kleinere von der größeren und markiert eine Ziffer dieser Differenz. Sie können diese Ziffer bestimmen, wenn man Ihnen die anderen sagt.

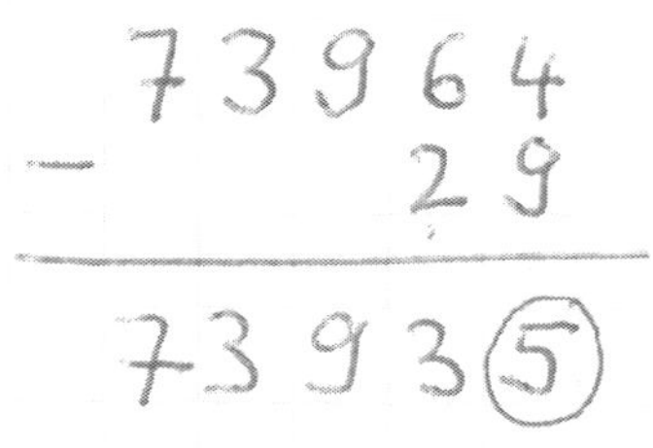

Oder Sie lassen eine beliebige mehrstellige Zahl notieren und die Quersumme dieser Zahl von ihr subtrahieren. Wieder können Sie jede Ziffer der Differenz nennen, wenn Ihnen alle anderen Ziffern genannt werden.

Wenn aus einem fest vorgegebenen Ziffernsatz unterschiedliche Zahlen gebildet werden, so haben all diese unterschiedlichen Zahlen dieselbe Quersumme. Und wenn die Zahlen alle dieselbe Quersumme haben, dann bleibt, so man sie durch 9 dividiert, bei allen derselbe Rest. Die eine Zahl ist somit ein x-faches von 9 plus Rest und die andere Zahl ist ein y-faches von 9 plus demselben Rest. Durch das Subtrahieren verschwindet genau dieser Rest, sodass die Differenz immer eine durch 9 teilbare Zahl ist. Genau dasselbe gilt für eine Zahl und ihre Quersumme: Beide haben denselben Neunerrest, der dann beim Subtrahieren „verschwindet". Die Differenz ist also ebenfalls durch 9 teilbar.

Damit brauchen Sie nur wieder die Ihnen genannten Ziffern aufaddieren und zum nächsten Vielfachen von 9 ergänzen. Diese Ergänzungszahl ist die Ihnen verschwiegene eingekringelte Ziffer.

8. Eine kluge Rechenprobe

Mit Hilfe der Quersummen von Zahlen kann man allerdings nicht nur mathematische „Kunststücke“ am Stammtisch durchführen, sondern auch erstellte Berechnungen auf deren Korrektheit überprüfen. In Zeiten, in denen Taschenrechner in jedes Mobiltelefon eingebaut sind, wird man immer weniger in die Verlegenheit kommen, mehrstellige Zahlen „von Hand“ multiplizieren zu müssen. Sollte dies aber doch einmal der Fall sein, so ist es vorteilhaft, eine Möglichkeit zu kennen, mit welcher solche Rechnungen schnell und effektiv überprüft werden können. Vielleicht bekommen Sie in einer Konferenz viele Zahlen vorgelegt, unter anderem die Rechnung

$$798 \cdot 546 = 435718$$

Da macht es doch Eindruck, wenn Sie – nach einem kurzen Blick auf die Ziffern – sofort feststellen können, dass das Ergebnis falsch ist. Für diese Feststellung haben Sie die (fortgesetzten) Quersummen der Zahlen gebildet:

Die Quersumme von 798 ist 24, die Quersumme von 24 ist 6.

Die Quersumme von 546 ist 15, die Quersumme von 15 ist 6.

Wenn man auf eben dieselbe Weise die fortgesetzte Quersumme von 435718 bildet, kommt man schließlich auf 1.

Dann haben Sie die Quersummen von 798 und 546, also 6 und 6 miteinander multipliziert und 36 erhalten. Die Quersumme dieses Ergebnisses beträgt allerdings 9 und ist damit von der Quersumme von 435718 verschieden! Das korrekte Rechenergebnis beträgt 435708, dieses hat die fortgesetzte Quersumme 9.

Um das Ergebnis einer Multiplikation zu überprüfen, muss man eben nicht die gesamte Rechnung nochmals durchführen, es genügt, wenn man die fortgesetzten Quersummen der beiden Faktoren multipliziert. Die zugrunde liegende Rechnung ist richtig, wenn das Produkt der Quersummen beider Faktoren gleich der Quersumme des Ergebnisses der ursprünglichen Rechnung ist.

Allerdings gibt es eine kleine „Falle“: Angenommen, uns wäre die bekannte Rechnung mit dem folgenden Ergebnis präsentiert worden:

$$798 \cdot 546 = 435798$$

Das Produkt der Quersummen auf der linken Seite hat wieder die Quersumme 9. Das Ergebnis 435798 hat zwar ebenfalls die Quersumme 9, ist aber offensichtlich falsch. Mit unserer Methode, der so genannten „Neunerprobe“, können somit nicht alle Rechenfehler aufgedeckt werden. Es werden keine Fehler erkannt, die um ein Vielfaches von 9 vom korrekten Ergebnis abweichen, ebenso wenig werden Zifferndreher erkannt. Man kann nur sagen: Wenn die Neunerprobe fehlschlägt, dann ist das Ergebnis mit Sicherheit falsch. Stimmt die Neunerprobe, so muss das nicht unbedingt für die überprüfte Rechnung gelten. Wer sicherer gehen will, führt auch noch die „Elferprobe“ durch, indem er die alternierenden Quersummen der beteiligten Zahlen bildet und ansonsten ebenso wie bei der Neunerprobe vorgeht.

9. Wenn es an der Kasse piepst …

… dann hat der Scanner den auf der Verpackung aufgedruckten Strichcode richtig „erkannt“. Es ist ja schon an sich erstaunlich, dass ein Laserstrahl unterschiedlich dicke Linien und Abstände als Zahlenfolge interpretieren kann. Woher „weiß“ aber der Scanner auch noch, ob er richtig „gelesen“ hat?

9 783833 496936

Während in den ersten zwölf Ziffern der „Europäischen Artikelnummer“ (EAN) das Herstellungsland, die Betriebs- und Artikelnummern codiert sind, ist die 13. Ziffer eine „Prüfziffer“, mit deren Hilfe der Lesevorgang überprüft werden kann. Dazu bildet der Scanner mit den erkannten Ziffern eine „gewichtete“ Quersumme, indem die einzelnen Ziffern von rechts nach links – beginnend mit der vorletzten Ziffer – abwechselnd mit 3 und 1 multipliziert und dann diese Produkte addiert werden:

EAN:	9	7	8	3	8	3	3	4	9	6	9	3	(6)
mal:	1	3	1	3	1	3	1	3	1	3	1	3	
Erg.:	9	21	8	9	8	9	3	12	9	18	9	9	

Die Summe der Produkte in der dritten Zeile ergibt die gewichtete Quersumme 124. Die seither unberücksichtigte letzte Ziffer 6 ist die „Prüfziffer". Wenn man diese zur gewichteten Quersumme addiert, muss – wie im Beispiel – eine „Zehnerzahl" herauskommen, sonst hat der Lesevorgang nicht korrekt funktioniert.

Eine gewichtete Quersumme wird deshalb verwendet, weil bei einer normalen Quersumme „Zifferndreher" nicht erkannt werden. Die können aber leicht vorkommen, wenn beispielsweise die Kassiererin die EAN von Hand eingeben muss. Allerdings bleiben im verwendeten System die Zifferndreher 0-5, 1-6, 2-7, 3-8 und 4-9 unerkannt, weil sich diese Ziffern genau um 5 und die Faktoren 1 und 3 sich um 2 unterscheiden. Ein Vertauschen verändert die gewichtete Quersumme daher um ein Vielfaches von 10, beispielsweise:

Gewicht:	1	3	
korrekte Ziffernfolge:	2	7	$\Rightarrow 1 \cdot 2 + 3 \cdot 7 = 23$
gedrehte Ziffernfolge:	7	2	$\Rightarrow 1 \cdot 7 + 3 \cdot 2 = 13$

Weil die Prüfziffer lediglich auf die nächste volle Zehnerzahl ergänzt, kommt es bei der gewichteten Quersumme nur auf die Einerzahl an – und die bliebt bei den erwähnten Drehern gleich.

Nun könnte man natürlich andere Gewichte als 1 und 3 verwenden, diese wurden allerdings durchaus überlegt gewählt: Da die einzelnen EAN-Ziffern mit den Gewichten multipliziert werden und es letztlich nur auf die Einerstellen ankommt, muss man Faktoren verwenden, deren 1·1-Reihen lauter verschiedene Endziffern haben. Dies ist bei den Faktoren 1 und 3, aber auch 7 und

9 der Fall. Völlig ungeeignet wäre hingegen der Faktor 5, da er mit allen geraden Ziffern eine 0 als Endstelle und mit allen ungeraden Ziffern eine 5 als Endstelle liefert.

Das Prüfverfahren ist insgesamt relativ sicher, kann aber nicht alle Fehler entdecken. Weisen Sie darauf hin, falls Ihnen der Scanner an der Supermarktkasse für Ihren Joghurt einige hundert Euro berechnen sollte…

10. Das Zahlensieb

Das Zahlensieb wurde vor rund 2200 Jahren von dem griechischen Mathematiker Eratosthenes von Kyrene erfunden. Um Zahlen zu „sieben", schreibt man diese – beginnend mit der Zahl 2 – vorteilhaft in einer Tabelle auf:

2	3	4	5	6	7
8	9	10	11	12	13
14	15	16	17	18	19
20	21	22	23	24	25
26	27	28	29	30	...

Man kringelt die erste Zahl, also die 2 ein und streicht alle Vielfachen von 2. Durch unsere Anordnung der Zahlen geht das ganz schnell: Man kann die erste, die dritte und die fünfte Spalte gleich streichen, weil dort nur gerade Zahlen stehen. Dann geht man zur nächsten, noch nicht gestrichenen Ziffer. Wir kringeln die 3 ein und streichen deren Vielfache. Da ist jetzt nur noch die 2. Spalte zu streichen. Die nächste Zahl ist die 5, deren Vielfache wir streichen, dann gehen wir zur 7, zur 11, zur 13 u.s.w. Es wird sicher deutlich, dass mit diesem „Sieb des Eratosthenes" die Primzahlen ausgesiebt werden können. Primzahlen sind somit Zahlen, die nicht Vielfache von „anderen" Zahlen (ohne 1) sind. Oder andersherum und exakter ausgedrückt: Die nur durch 1 und durch sich selbst teilbar sind. Das Verfahren ist nicht nur alt, sondern auch aufwändig. Es gibt aber bis heute noch keine „Formel", welche Primzahlen liefert.

Unser Verfahren hat allerdings gezeigt, dass Primzahlen, die größer als 3 sind, nur noch in der 4. und der 6. Spalte stehen können. In der 4. Spalte stehen alle Zahlen, die um 1 kleiner sind als ein Vielfaches von 6. Und in der 6. Spalte stehen alle Zahlen, die um 1 größer sind als ein Vielfaches von 6. Zahlen, die nicht um 1 kleiner oder größer sind als ein Vielfaches von 6, können somit keine Primzahlen sein. Damit haben wir ein Ausschlusskriterium gefunden. Erfüllt eine Zahl diese Bedingung, können wir jedoch nicht sicher sein, dass es sich um eine Primzahl handelt, wie das Beispiel 25 zeigt.

11. Primzahlen

Obwohl Primzahlen keine anderen Teiler als 1 und sich selbst haben, lassen sich alle Zahlen als Produkte von Primzahlen schreiben. So gilt beispielsweise: $30 = 2 \cdot 3 \cdot 5$ und $48 = 2 \cdot 2 \cdot 2 \cdot 2 \cdot 3$ u.s.w. Diese „Aufteilung" von Zahlen in Primzahlen nennt man ihre Primfaktorzerlegung. Ein grundlegender Satz der elementaren Zahlentheorie besagt, dass diese Primfaktorzerlegung eindeutig ist und somit jede Zahl auf nur eine einzige Art in Primzahlen zerlegt werden kann. Die Primzahlen sind damit so etwas wie die Atome der natürlichen Zahlen.

Bereits die alten Griechen waren von Primzahlen fasziniert. So konnte Euklid rund 300 Jahre v. Chr. nachweisen, dass es unendlich viele Primzahlen gibt. Trotzdem existieren beliebig große Primzahllücken, also Bereiche aufeinander folgender natürlicher Zahlen, in denen keine Primzahl vorkommt. Andererseits folgen manche Primzahlen auch wieder sehr eng aufeinander, wie beispielsweise 2 und 3. Da 2 aber die einzige gerade Primzahl ist, können weitere Primzahlen höchstens im Zweierabstand aufeinander folgen. Beispiele hierfür sind 3 und 5, 5 und 7, 11 und 13 u.s.w. Solche Primzahlpaare mit dem Abstand 2 nennt man Primzahlzwillinge. Es ist derzeit noch nicht geklärt, ob es auch unendlich viele Zwillinge gibt oder ob deren Anzahl endlich ist. Dagegen lässt sich schnell nachweisen, dass 3, 5, 7 der einzige Primzahldrilling ist. Hierfür genügt der Hinweis aus dem letzten Kapitel, dass alle Primzahlen größer als 3 entweder um 1 größer oder kleiner als ein Vielfaches von 6 sein müssen.

Die von Primzahlen ausgehende Faszination lässt Mathematiker weltweit nach immer größeren Exemplaren suchen. Diese Suche gestaltet sich allerdings sehr schwierig, da es keine „Formeln“ dafür gibt. Heute verwendet man leistungsstarke Computernetzwerke zur Primzahlsuche. 2006 wurde die bisher größte Primzahl mit 9.808.358 Stellen gefunden und die Suche geht weiter …

12. Eine „Kapitänsaufgabe“

„Ein Kapitän hat Söhne und Töchter, dabei weniger Buben als Mädchen. Das Produkt aus dem Alter des Kapitäns in Jahren, der Schiffslänge in Metern und der Anzahl der Söhne und Töchter beträgt 32118. Wie alt ist der Kapitän, wie viele Kinder hat er und wie lang ist das Schiff?“ Aufgaben, in deren Text zwar eine Menge Zahlen und Fakten genannt werden, diese aber nicht zu einer sinnvollen Lösung führen, werden in der Mathematikdidaktik gerne „Kapitänsaufgaben“ genannt und ganz offensichtlich ist die eingangs gestellte Aufgabe ein solche. Ungewohnt ist zudem, dass ja gar nicht viele Zahlen genannt werden, aus denen dann eine (Ergebnis-)Zahl berechnet werden soll. Es ist vielmehr nur das Ergebnis einer Multiplikation aus 4 Faktoren genannt und die einzelnen Faktoren sollen benannt werden. Wenn man sich überlegt, dass beispielsweise die Zahl 144 auf 4 verschiedene Arten in ein Produkt aus 4 Faktoren zerlegt werden kann, dann ist man schnell versucht, diese Aufgabe als „Scherzaufgabe“ abzutun. Und doch hat sie eine eindeutige Lösung!

Je mehr Faktoren man miteinander multipliziert, umso größer ist das Ergebnis. Diese Erkenntnis ist wohl richtig, nicht jedoch ihre Umkehrung, wie man mit der Zahl 149 relativ schnell feststellt: Es gibt ja noch die Primzahlen und diese haben außer 1 und sich selbst keine weiteren Faktoren. Nun ist 32118 durch 2 teilbar und damit keine Primzahl. Dividieren wir, so erhalten wir 16059 als Ergebnis. Die Quersummenregel macht deutlich, dass diese Zahl durch 3 teilbar ist, das Ergebnis der Division beträgt 5353. Zahlen in der Form „abab“ sind immer ein Vielfaches von 101, in diesem Fall $53 \cdot 101$. Alle ermittelten Faktoren (2, 3, 53 und 101) sind Primzahlen und da die Primfaktorzerlegung eindeutig ist, haben wir das eindeutige Ergebnis der gestellten Aufgabe gefunden! Man muss sich nur ans Werk machen …

13. Der Tod der Maria Stuart

Darf es noch eine „Kapitänsaufgabe“ sein? Da aus dem vorhergehenden Kapitel das Prinzip bekannt ist, versuchen wir es mit einer etwas größeren Zahl: In welche Faktoren kann 93011 zerlegt werden?

Natürlich wendet man zunächst die bekannten Teilbarkeitsregeln an und stellt ernüchtert fest, dass keine passt. Allerdings handelt es sich keinesfalls um eine „unzerlegbare“ Primzahl, sondern um eine wirklich in zwei Faktoren zerlegbare Zahl. Versuchen Sie ruhig weiter Ihr Glück – gerne auch mit dem Taschenrechner – bevor Sie weiter lesen!

Nur wer tatsächlich eine gewisse Zeit (wenn auch vielleicht erfolglos) gerechnet hat, kann die Idee nachvollziehen, die hinter einem häufig verwendeten Verschlüsselungsverfahren steckt. Seit Menschen miteinander kommunizieren, sind sie darauf bedacht, dass die übermittelten Informationen nicht in falsche Hände geraten oder ein unberechtigter Empfänger mit der Nachricht nichts anzufangen weiß. Seit Jahrtausenden benutzt die Menschheit verschlüsselte Informationen und geheime Codes und genau so lang wird versucht, geheime Codes zu knacken. Der entschlüsselte Code ihrer Briefe kostete Maria Stuart im 16. Jahrhundert das Leben.[9] Während des Zweiten Weltkriegs wurde die Entwicklung von „Computern“ insbesondere durch die Anforderungen der Geheimdienste vorangetrieben, die solche „Rechenmaschinen“ für das Entschlüsseln abgefangener Nachrichten benötigten.

Ein Verschlüsselungsverfahren muss ein schnelles und unkompliziertes Verschlüsseln und – bei Kenntnis des Schlüssels – Entschlüsseln ermöglichen. Ohne Schlüssel darf der Code nur mit sehr großem Aufwand „geknackt“ werden können: Es ist simpel, sich zwei vielstellige Primzahlen zu beschaffen und diese zu mul-

---

[9] nachzulesen bei Simon Singh: Geheime Botschaften. Die Kunst der Verschlüsselung von der Antike bis in die Zeiten des Internet. dtv, München 2001

tiplizieren. Es ist aber nur unter unverhältnismäßig großem Aufwand möglich, das erhaltene Produkt (ohne Kenntnis der verwendeten Zahlen) wieder in seine Faktoren zu zerlegen. Auf diesem Verfahren beruhen moderne Verschlüsselungssysteme, wie beispielsweise das RSA-Verfahren[10].

Ach ja, die Lösung der eingangs gestellten Aufgabe? Versuchen Sie es mit 281 …

14. Wann ist Ostern?

Während wir Weihnachten jedes Jahr am selben Datum feiern, schwanken das Osterfest und mit ihm Aschermittwoch, Himmelfahrt, Pfingsten und Fronleichnam im Kalender beträchtlich hin und her. Die vier Evangelien weisen übereinstimmend darauf hin, dass Christus an einem „Rüsttag“ gestorben ist, dem Tag vor einem Sabbat. Bei Johannes findet sich außerdem der Hinweis, dass es der Rüsttag zu Pessach war. Da dieses Pessach (oder Passah- bzw. Pas'chafest) mit dem ersten Vollmond im Frühling zusammenfällt, hängt auch unser heutiges Osterfest vom Mond ab.

---

[10] benannt nach Ronald L. **R**ivest, Adi **S**hamir und Leonard **A**dleman, welche dieses Verfahren 1977 am Massachusetts Institute of Technology entwickelten.

Das Konzil zu Nicäa legte im Jahre 325 fest, dass das Osterfest am Sonntag nach dem ersten Vollmond am oder nach dem Frühlingsanfang gefeiert werden soll. Fällt ein Vollmond genau mit dem Frühlingsanfang am 21. März zusammen und ist dieser Tag auch noch ein Samstag, so fällt Ostern auf seinen frühest möglichen Termin am 22. März. Ist jedoch der Mond bereits einen Tag früher „voll", also schon am 20. März und damit vor Frühlingsbeginn, dann findet der nächste Vollmond entsprechend dem Mondzyklus von 29,53 Tagen erst am 18. April statt. Dies ist dann der „erste Vollmond" im Frühling. Fällt dieser Tag auch noch auf einen Sonntag, so wird Ostern nach den Regularien des Konzils von Nicäa erst eine Woche später, am 25. April gefeiert. Dies ist gleichzeitig das spätest mögliche Osterdatum. 2011 wird dieses letztmögliche Datum fast erreicht, wenn wir Ostern am 24. April feiern.

Ein Jahr ist 365,24 Tage lang und ein Mondzyklus dauert 29,53 Tage. Da sich die größere Zahl nicht durch die kleinere ohne Rest teilen lässt, verschieben sich die Mondphasen in aufeinander folgenden Jahren. Erst 19 Jahre später fallen die Mondzyklen wieder ziemlich genau auf dieselben Kalendertage. In der Zwischenzeit sind 235 Mondzyklen und damit 6939,55 Tage verstrichen. Während die Mondzyklen nun wieder „von vorne" beginnen, haben sich die Wochentage verschoben. Der 1. Januar rückt bekanntlich von Jahr zu Jahr um einen Wochentag weiter vor, nach einem Schaltjahr sogar um zwei Tage. Die Regel für die Schaltjahre haben wir schon ganz zu Beginn kennen gelernt und beides, die Mondzyklen und die Verschiebung der Wochentage, führt letztlich dazu, dass der Osterzyklus 5.700.000 Jahre beträgt. Erst nach dieser Zeitspanne wiederholt sich die Abfolge der Osterdaten.

Heute gibt es Formeln, mit denen das Osterdatum aus der Jahreszahl bestimmt werden kann. Eine dieser Formeln stammt von C. F. Gauss aus dem Jahr 1800. Sie ist allerdings zu komplex, um sie in diesem Rahmen darstellen und erläutern zu können. Zu früheren Zeiten war die Bestimmung des Osterdatums nur möglich, indem einfach für die nächsten Jahre „weitergezählt“ wurde. Bereits im Mittelalter entstand so aus der Notwendigkeit die Osterdaten zu berechnen, eine „mathematische Teildisziplin“, die Komputistik.

15. Mathematik und das Beweisen

An einem Schachbrett werden zwei gegenüberliegende Ecken entfernt, damit enthält es noch 62 Felder. Können diese 62 Felder durch 31 Dominosteine passgenau abgedeckt werden, wenn ein Dominostein genau 2 Felder überdeckt?

Versuchen Sie durchaus, zunächst eine Lösung durch Experimentieren zu finden. Dies wird Ihnen, selbst bei mehrfachem Versuchen nicht gelingen. Damit ist es wahrscheinlich – aber keineswegs sicher – dass es keine Lösung gibt. Die „Theorie der Unmöglichkeit“ gilt nun so lange, bis jemand das Gegenteil beweist und eine Lösung findet. Dieses Vorgehen ist eine legitime Arbeitsweise der Naturwissenschaften. So sind alle physikalischen Gesetzmäßigkeiten nur durch eine häufige Verifikation abgesichert aber nicht allgemeingültig bewiesen. Man weiß inzwischen beispielsweise, dass die Newtonsche Mechanik mit hinreichender

Genauigkeit im „Alltag“ gilt, dass sich aber in Extremfällen deutliche Abweichungen ergeben.

Die Mathematik gibt sich nicht mit Wahrscheinlichkeiten zufrieden, sondern sucht eine allgemeingültige Antwort. Die obige Problemstellung wird unter einem mathematischen Blickwinkel folgendermaßen abgehandelt: Die abgetrennten Felder des Schachbretts waren beide weiß. Jeder Dominostein bedeckt auf dem Spielfeld zwei benachbarte Felder von unterschiedlicher Farbe. Mit den ersten 30 Dominosteinen werden 30 schwarze und 30 weiße Felder abgedeckt, folglich bleiben immer ein Dominostein und 2 schwarze Felder übrig! Damit ist die Unlösbarkeit des Problems ein für alle Mal bewiesen!

16. Die Haare der Stuttgarter

„Es gibt mindestens zwei Einwohner Stuttgarts, welche dieselbe Anzahl an Kopfhaaren haben.“ Dieser Satz erscheint zunächst etwas „gewagt“, zudem liegt ihm keine mathematische Aussage zugrunde. Fraglich erscheint außerdem, wie denn diese Aussage unter realistischen Bedingungen überhaupt „bewiesen“ werden kann. Es erscheint ja kaum möglich, tatsächlich die Kopfhaare der Stuttgarter Bürgerinnen und Bürger zu zählen, bis man vielleicht auf identische Anzahlen stößt. Dies ist jedoch überhaupt nicht notwendig:

Laut Webseite der Stadt Stuttgart betrug die Einwohnerzahl am 31. Dezember 2007 genau 591 578 Einwohner. Die maximale Anzahl der Kopfhaare von Menschen variiert je nach Quelle zwischen 90.000 und 150.000.

Im „ungünstigsten Fall" haben 150.000 Stuttgarter tatsächlich unterschiedlich viele Haare auf dem Kopf. Wir greifen nun in unserer Vorstellung diese 150.000 Menschen aus der gesamten Stuttgarter Bevölkerung heraus. Akzeptiert man die obere Grenze von 150.000 Haaren, dann muss der nächste, also der 150.001. Stuttgarter Bürger in seiner Haaranzahl mit einem der bereits ausgewählten Bürger übereinstimmen. Die oben aufgestellte Behauptung kann also für jede Großstadt aufgestellt werden, die mehr Einwohner hat, als die maximale Haaranzahl des Menschen beträgt. Damit ist allerdings nicht gesagt, dass es gelingt, diese beiden Menschen zu finden! Es ist auch überhaupt nicht sicher, dass es jemanden auf der Welt gibt, der genau so viele Haare auf dem Kopf trägt wie man selbst hat.

17. Die Türme von Hanoi

Markieren Sie auf einem Blatt Papier durch drei Kreise die Plätze 1, 2 und 3. Auf Platz 1 legen Sie eine 2-€-Münze, darauf ein 1-€-Stück und obenauf noch eine 5-ct-Münze. Diese 3 Münzen sollen auf Platz 3 umgelegt werden. Dabei darf aber immer nur eine einzelne Münze bewegt und es darf nie eine größere auf einer kleineren Münze abgelegt werden. Die Lösung dürfte nicht schwer fallen, diejenige mit sieben Schritten ist wohl die kürzeste. Schaffen Sie es dann auch, einen Turm aus 4 Münzen regelkonform umzusetzen? Wie sieht es mit einem Fünferturm aus? Gibt es eine theoretische Grenze für die Turmhöhe?

Stellen wir dafür noch eine weitere Überlegung an: Es wäre sicher möglich gewesen, den 3-er Turm von Platz 1 statt nach Platz 3 auf Platz 2 zu verlegen? Also ist es doch auch möglich, den Turm, wenn er auf Platz 2 steht, nach Platz 3 oder auf Platz 1 zu versetzen. Halten wir fest: Wir können einen 3-er Turm unter Beachtung der Regeln von jedem vorgegebenen Platz auf jeden der beiden anderen Plätze versetzen.

Da wir wissen, dass wir einen 3-er Turm beliebig umsetzen können, stellen wir uns den 4-er Turm als 3-er Turm mit unterlegter größerer Scheibe vor. Diesen 3-er Turm können wir problemlos auf die Position 2 umsetzen, die große Scheibe auf Position 3 umlegen und dann den auf Position 2 geparkten 3-er Turm auf die große Scheibe auf der Position 3 versetzen. Also können wir auch einen 4-er Turm von jedem Platz auf jeden beliebigen andern umsetzen. Mit dieser Argumentation kann man einen Turm beliebiger Höhe versetzen. Wir können deshalb sicher sein, weil wir…

1. **eine** Lösung – die Umsetzung des 3-er Turms – konkret durchgeführt haben und …

2. gezeigt haben, dass – wenn wir einen bestimmten Turm umbauen können – dann auch der jeweils nächst größere Turm umgesetzt werden kann.

Dies wird in der Mathematik das „Prinzip der vollständigen Induktion“ genannt und als gängiges Beweisverfahren verwendet.

18. e wie Euler

Träumen wir doch mal von einer Bank, welche für unser Guthaben 100% Jahreszins gibt. Aus einem bescheidenen Euro, den wir am Jahresanfang „auf die hohe Kante legen“, sind dann am Jahresende mitsamt Zinsen 2 Euro geworden. Wir träumen weiter und vereinbaren mit der Bank, dass die Zinsen halbjährlich gutgeschrieben werden. Für unseren einen Euro Startkapital am 1. Januar haben wir dann Ende Juni 50 Cent Zinsen erhalten, die in der zweiten Jahreshälfte mitverzinst werden. Damit haben wir es am Jahresende bereits auf ein Guthaben von 2,25 € gebracht. Dies scheint ein einträgliches Geschäft zu sein, also probieren wir es mit einer vierteljährlichen Zinsgutschrift. Diese führt zu einem Jahresendkapital von 2,44 €. Schaffen wir es, die imaginäre Bank zu einer monatlichen Verzinsung zu überreden, so haben wir am Jahresende 2,61 € auf dem Konto, bei täglicher Verzinsung 2,71 €. Je mehr Zinsperioden wir vereinbaren, desto höher ist also unser Endkapital. Das ist klar, da die jeweils erhaltenen Zinsen in den folgenden Perioden mitverzinst werden – Zinseszins nennt man dieses Phänomen nicht nur im Volksmund.

Nimmt man die errechneten Zahlen etwas genauer unter die Lupe, so wird deutlich, dass der durch immer kürzere Zinsintervalle erreichte Zinszuwachs immer kleiner ausfällt. Natürlich gibt es keine reale Bank, die sich auf solche Konditionen einlässt, aber mathematisch ist es durchaus von Interesse, wie sich denn das Endkapital entwickelt, wenn man immer feinere Zinsintervalle wählt. Selbst wenn man unendlich viele unendlich kurze Zinsintervalle wählt, wächst das erreichbare Endkapital nicht ins Unermessliche, dieses erreicht vielmehr bei 2,718281828459… eine Grenze. Für diese Zahl, die eng mit Wachstumsprozessen verknüpft ist und eine der wichtigsten mathematischen Konstanten darstellt, hat sich die Bezeichnung „Eulersche Zahl" und das Symbol e eingebürgert.

Leonhard Euler ist am 15.4.1707 in Basel geboren. Er gehört ohne Zweifel zu den wichtigsten und produktivsten Mathematikern. Als er am 18.9.1783 in St. Petersburg starb, hatte er 866 Publikationen in einer ungemeinen Breite verfasst. Er gilt als Vater der Analysis, beschäftigte sich aber ebenso mit der Zahlentheorie und der Algebra, kalkulierte Lebenserwartungen für die Rentenrechnung und erforschte physikalische Phänomene.

19. „Über sieben Brücken …

… musst du gehen" singt Peter Maffay. Über alle ihre sieben Brücken wollten die Bürger der Stadt Königsberg durch vier Stadtteile in einem Rundweg spazieren – allerdings ohne eine dieser Brücken zweimal überqueren zu müssen. Da dies keinem gelingen wollte, wandten sie sich mit ihrem Problem an Leonhard Euler, der 1736 die Königsberger enttäuschen musste: Es gibt den gewünschten Weg nicht!

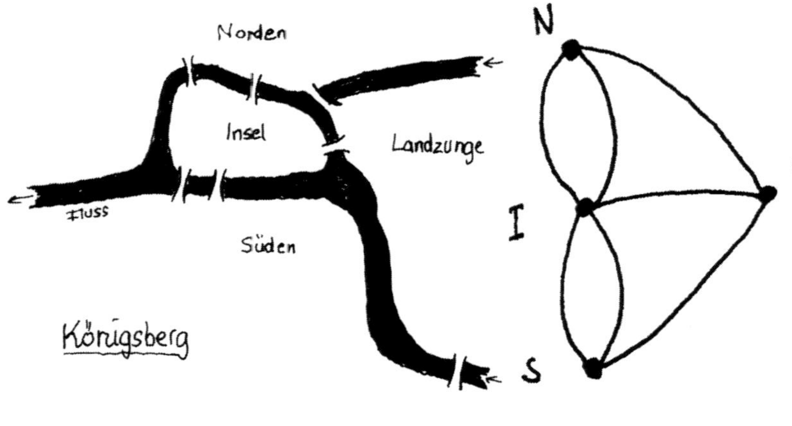

Zur Lösungsfindung machte Euler als Mathematiker zunächst etwas sehr Typisches: Er abstrahierte von der im linken Bild dargestellten realen geographischen Gegebenheit und verdichtete das Wesentliche in der rechts dargestellten Skizze. In dieser Skizze sind die vier Stadtteile Norden, Süden, Insel und Landzunge durch vier Punkte dargestellt und die Brücken als Verbindungslinien zwischen den Punkten gezeichnet.

Er hat damit eine topologische Abbildung der Realsituation geschaffen, bei der nur noch Nachbarschaftsbeziehungen erhalten bleiben, nicht jedoch Streckenlängen und Winkel. Bilder von Bus- oder S-Bahnlinien sind ebenfalls solche topologischen Abbildungen.

Die skizzierte Situation nennt man einen „Graphen" und Euler gilt als Begründer der Graphentheorie, mit deren Hilfe uns heute moderne Navigationssysteme zu jeder gewünschten Adresse führen. Einen speziellen Graphen – das „Haus des Nikolaus" – hat wohl jeder schon im Kindergarten gezeichnet. Dabei ging es auch darum, diesen in einem Zug zu zeichnen. Wieso ist dies beim Haus des Nikolaus möglich, nicht aber bei den Brücken?

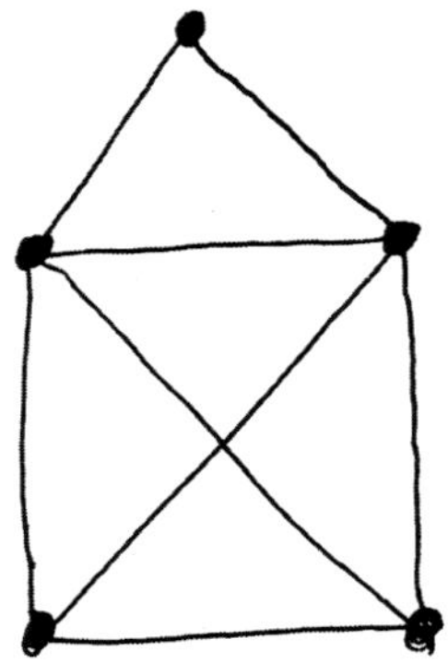

Für das „Zeichnen in einem Zug" muss man zu jedem Punkt (oder „Knoten") hin- aber auch wieder wegfahren können. An jedem Knoten muss somit eine gerade Zahl von Linien enden. Dies ist ganz offensichtlich beim Brückenproblem nicht der Fall. Allerdings auch nicht beim Haus des Nikolaus: Hier gibt es genau zwei Knoten, an denen 3 Linien enden. Auch solche Graphen lassen sich jedoch in einem Zug zeichnen, dann muss man aber in einem der Knoten mit ungerader Linienzahl anfangen und am anderen enden.

20. Der „kleine Gauß"

Um eine geraume Weile seine Ruhe zu haben, stellte vor 222 Jahren ein Braunschweiger Volksschullehrer seinen neunjährigen Zöglingen die einfache wie zeitraubende Aufgabe, die Summe aller Zahlen von 1 bis 100 auszurechnen. Auch heute noch ist dies selbst mit dem Taschenrechner eine aufwändige Prozedur. Probieren Sie es ruhig – vertippen Sie sich aber nicht! Um so erstaunter war er, als ihm der kleine Carl-Friedrich bereits nach wenigen Minuten das korrekte Ergebnis lieferte. Dieser hatte allerdings auch nicht stur gerechnet, sondern sich eine besondere Struktur der Zahlen zunutze gemacht. Schreibt man die Zahlen von 1 bis 100 in einer Reihe nebeneinander auf, wobei man keinesfalls alle Zahlen schreiben muss, sondern nur den Anfang und das Ende der Kolonne andeuten

```
  1 +   2 +   3 + … +  98 +  99 + 100
```

und schreibt dieselbe Reihe nochmals in umgekehrter Reihenfolge darunter

```
100 +  99 +  98 + … +   3 +   2 +   1,
```

so erkennt man unschwer, dass die Summe zweier übereinander stehender Zahlen immer 101 ergibt. Insgesamt haben wir 100 Zahlenpaare zu addieren, was also 100 mal 101 ergibt. Jetzt müssen wir noch berücksichtigen, dass die zu addierende Reihe zweimal in die Berechnung eingegangen ist, wir halbieren also das Ergebnis und erhalten 5050. Dieses Prinzip funktioniert auch bei anderen Endzahlen: Soll beispielsweise von 1 bis 300 summiert werden, so ist das Ergebnis die Hälfte von 300 mal 301. Für eine beliebige Endzahl n berechnet man die Hälfte von n mal n plus 1, also $n\cdot(n+1)/2$. Diese Formel wird nach seinem Entdecker der „kleine Gauß" genannt. Nicht weil Carl Friedrich Gauß als Neunjähriger damals noch „klein" war, sondern weil er danach noch viele weitere bedeutendere und größere mathematische, physikalische und astronomische Entdeckungen machte. Gauß lebte vom 30.04.1777 bis 23.02.1855 und galt schon zu Lebzeiten als „Fürst der Mathematiker“. Auf seine Formel zur Berechnung des Osterdatums wurde bereits hingewiesen, von ihm stammt weiter die „Gauß'sche Glockenkurve“, welche die Normalverteilung von Zufallsgrößen beschreibt und er stellte das Rechnen mit negativen Wurzeln auf eine solide Basis, als er mit der „Gauß´schen Zahlenebene“ eine Repräsentation der komplexen Zahlen fand. Der Platz reicht nicht im Entferntesten aus, um seine weiteren bedeutenden Leistungen hier auch nur aufzuzählen. Bemerkenswert bleibt jedoch seine frühe Leistung, mit welcher er eindrucksvoll gezeigt hat, dass sich Mathematik nicht im Rechnen erschöpft, sondern dass es eben darauf ankommt, die ihr innewohnenden Muster und Strukturen zu erkennen.

21. Würfel & Co.

Jeder hat wohl schon mit prickelndem Gefühl im Spiel beim Würfeln der nächsten Zahl entgegengefiebert. Auch für den Mathematiker ist ein Würfel ein ganz besonderer Körper. Seine quadratischen Außenflächen sind lauter gleichartige und regelmäßige Vierecke mit vier gleich langen Seiten und gleich großen Innenwinkeln. An jeder der acht Ecken eines Würfels stoßen drei Quadrate zusammen. Diese hohe Regelmäßigkeit ist eine wichtige Voraussetzung dafür, dass beim Spielwürfel jede der sechs Zahlen mit der gleichen Wahrscheinlichkeit gewürfelt wird. Allerdings muss ein Spiel-"Würfel" nicht unbedingt vom mathematischen Würfel abgeleitet sein. Überlegen wir uns, welche Körper ebenfalls in Frage kommen können. Hierfür stellen wir die Eigenschaften des Würfels nochmals zusammen: Ein Körper, der aus lauter regelmäßigen Vielecken besteht und an dessen Ecken jeweils gleich viele Flächen zusammenstoßen.

Nun gibt es neben dem Quadrat beliebig viele regelmäßige Vielecke. Mit welchen können ebenfalls solche regelmäßigen Körper erzeugt werden?

Um ein räumliches Gebilde zu erzeugen, müssen an einer Raumecke mindestens 3 Flächen zusammenstoßen und die Summe der Innenwinkel der Vielecke muss kleiner als 360° sein. Damit ist schon klar, dass aus regelmäßigen Sechsecken keine Körper gebaut werden können. Es geht aber mit 3 aneinander gelegten Fünfecken. Außerdem kann man 3, 4 oder 5 regelmäßige Dreiecke zu einer Raumecke zusammenstoßen lassen. Mit dem Würfel aus Quadraten gibt es genau 5 Möglichkeiten, regelmäßige Körper aufzubauen. Bereits die alten Griechen waren von der Ebenmäßigkeit dieser Körper fasziniert. Platon ordnete ihnen die Elemente zu und nach ihm sind sie als „Platonische Körper“ benannt. Baut man sie aus Dreiecken auf, so benötigt man dafür 4, 8 oder 20 Stück, diese Körper nennt man entsprechend ihrer Flächenzahl Tetraeder, Oktaeder und Ikosaeder. Verwendet man Fünfecke, so ergibt das ein Dodekaeder entsprechend dessen 12 Flächen. Und unser Würfel hieß bei den alten Griechen wegen seiner 6 Flächen Hexaeder.

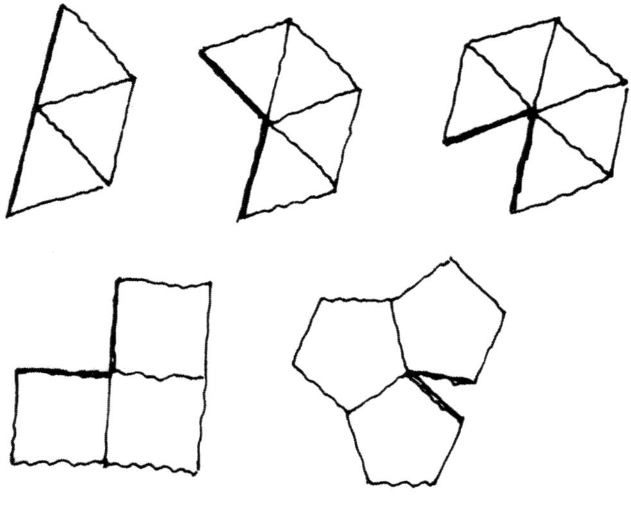

22. Zauberhafte Würfel

Jeder „Mensch-ärgere-dich-nicht"-Spieler weiß, dass einen das Glück meist verlässt, wenn man dringend eine ganz bestimmte Augenzahl benötigt. Da hat man sich so oft über eine bescheidene „Eins" geärgert und nun am Schluss, wo man noch genau eine Eins braucht, um den letzten Spielstein ins „Haus" zu bekommen, mag sich keine mehr einstellen. Bevor wir uns mit der Wahrscheinlichkeit befassen, mit welcher eine bestimmte Augenzahl „fällt", sei hier zuvor noch ein kleiner Würfeltrick verraten:

Ein Zuschauer würfelt mit drei Würfeln und notiert die Augensumme. Ein Würfel bleibt liegen, von den zwei anderen wird deren untenliegende Punktesumme ebenfalls notiert. Mit diesen beiden Würfeln wird anschließend nochmals gewürfelt und die dabei erzielte Augensumme aufgeschrieben. Jetzt nimmt man einen der beiden Würfel, notiert dessen untenliegende Augenzahl, würfelt ein letztes Mal mit diesem Würfel und schreibt schließlich auch dieses Ergebnis zu den übrigen Zahlen. Sie können problemlos die Gesamtsumme der geschriebenen Zahlen nennen, obwohl Sie erst ganz am Schluss einen Blick auf die Endlage der drei Würfel werfen.

Der Trick beruht auf der Tatsache, dass bei Würfeln die Augenzahlen gegenüberliegender Seiten immer die Summe 7 ergibt. Mit diesem Wissen kann man leicht Kinder verblüffen, wenn man vorgibt, man könne durch die Tischplatte schauen und die unten liegende Augenzahl eines Würfels erkennen…

Im geschilderten Ablauf des Tricks wird deutlich, dass von insgesamt 3 Würfeln die Punkte der Ober- und Unterseite addiert werden, dies ergibt die Zahl 21. Zu dieser Zahl muss nur noch die Augensumme der am Schluss aufliegenden Würfel addiert werden.

23. Wahrscheinlich …

Die Frage nach der Wahrscheinlichkeit treibt die Menschen um. Sei es beim Verlassen des Hauses und der Frage nach der Notwendigkeit des Regenschirms oder beim Lotto. Die Mathematik kennt auch hierauf Antworten, seit sich im 17. Jahrhundert Blaise Pascal und Pierre de Fermat mit den Gewinnchancen beim Würfelspiel beschäftigt haben. Die Wahrscheinlichkeit, mit einem Spielwürfel eine bestimmte Zahl zu würfeln, lässt sich einfach bestimmen und verdeutlicht gleichzeitig, dass die „Wahrscheinlichkeit" der Quotient aus der Anzahl der „günstigen" Fälle zur Anzahl der „möglichen" Fälle ist. Die Wahrscheinlichkeit, eine bestimmte Zahl zu würfeln, beträgt damit 1/6. Die Wahrscheinlichkeit, eine gerade Zahl zu würfeln, beträgt 3/6, also 1/2.

Die Wahrscheinlichkeit wird als Zahl zwischen 0 und 1 ausgedrückt, wobei die Zahl 0 ein „unmögliches Ereignis" bezeichnet und die Zahl 1 ein „todsicher" eintretendes Ereignis. So weit, so einfach. Doch bereits beim Würfeln mit zwei Würfeln gilt es, Fallstricke zu vermeiden: Ist es wahrscheinlicher mit zwei Würfeln als Augensumme 6 oder 7 zu erreichen? Da wir 2 Würfel verwenden, haben wir 6·6=36 mögliche Fälle. Die Augensumme 6 können wir dreimal als 1+5, 2+4 und 3+3 erreichen, die Augensumme 7 als 1+6, 2+5 und 3+4 ebenfalls dreimal. Die Wahrscheinlichkeit 3/36 sowohl für die Augensumme 6 als auch für die Summe 7 ist aber falsch!

Um dem Fehler auf die Schliche zu kommen, nehmen wir einen roten und einen blauen Würfel und notieren unsere Augenzahlen immer in der Reihenfolge **rot** + blau. Jetzt erhalten wir fünf Möglichkeiten, die Summe 6 zu würfeln: **1**+5, **5**+1, **2**+4, **4**+2, **3**+3. Die Summe 7 erhalten wir mit den folgenden sechs Würfen: **1**+6, **6**+1, **2**+5, **5**+2, **3**+4, **4**+3. Damit beträgt die Wahrscheinlichkeit eine Augensumme von 6 zu würfeln 5/36, während wir die 7 in 6/36 aller Fälle würfeln werden.

24. Ihre Chance beim Lotto

Immer wenn der Jackpot werbewirksam auf einige Millionen Euro „angeschwollen“ ist, stauen sich die Menschenschlangen vor den Lottoannahmestellen. Es ist natürlich auch zu verlockend, mit ein paar Euro Einsatz für sein restliches Leben ausgesorgt zu haben und so Mancher träumt bei der Abgabe des Lottoscheins sicher schon davon, seinem Chef am nächsten Montag die Kündigung auf den Tisch legen zu können.

Wie viele Möglichkeiten gibt es denn, aus der Lostrommel mit 49 Kugeln sechs verschiedene zu ziehen? Wenn man die erste Kugel zieht, hat man die Auswahl aus allen 49 Kugeln. Für die zweite Kugel kann man dann noch aus 48 Kugeln auswählen, für die dritte aus 47 Kugeln u.s.w. bis man die 6. Kugel aus den verbliebenen 44 Kugeln zieht. Da man zu jeder der beim ersten Zug möglichen 49 Kugeln nun 48 Möglichkeiten hat, eine zweite Kugel zu ziehen, darf man diese Zahlen nicht addieren, sondern man muss sie multiplizieren. Es gibt also 2352 Möglichkeiten, zwei Kugeln aus 49 zu ziehen. Bei drei Kugeln kommen zu jeder dieser 2352 Möglichkeiten nochmals 47 Möglichkeiten hinzu, wir müssen also wieder multiplizieren. Am Ende sind es dann $49 \cdot 48 \cdot 47 \cdot 46 \cdot 45 \cdot 44$ Möglichkeiten. Diese Zahl wird Ihr Taschenrechner kaum noch anzeigen können: 10.068.347.520, also über 10 Milliarden Möglichkeiten.

Dabei sind wir jedoch deutlich „übers Ziel hinausgeschossen“. Wir haben nämlich so getan, als ob die Reihenfolge des Ziehens eine Rolle spielt, was beim Lotto eben nicht der Fall ist. Deshalb fragen wir uns als nächstes, wie viele Möglichkeiten es denn gibt, 6 gezogene Kugeln in unterschiedlicher Folge aufzureihen. Hier argumentieren wir genau gleich: Für die erste Stelle haben wir die Auswahl aus sechs Kugeln, für die zweite aus fünf u.s.w., insgesamt gibt es also $6 \cdot 5 \cdot 4 \cdot 3 \cdot 2 \cdot 1 = 720$ Möglichkeiten. Unsere oben ausgerechneten Möglichkeiten, 6 aus 49 zu ziehen, sind um das 720-fache zu groß. Dividieren wir die über 10 Milliarden Möglichkeiten durch 720, so erhalten wir noch genau 13.983.816, also knapp 14 Millionen Möglichkeiten für die berühmten „6 Richtigen“. Bei rund 72 Millionen Spielen an einem Samstag ist die Wahrscheinlichkeit sehr groß, dass tatsächlich auch „6 Richtige“ getippt werden.

Möchte man zudem auch den begehrten „Jackpot“ knacken, benötigt man dafür noch die richtige „Superzahl“, eine der Zahlen von Null bis Neun. Auf den Jackpot hat man daher nur eine Chance von 1 zu 139.838.160.

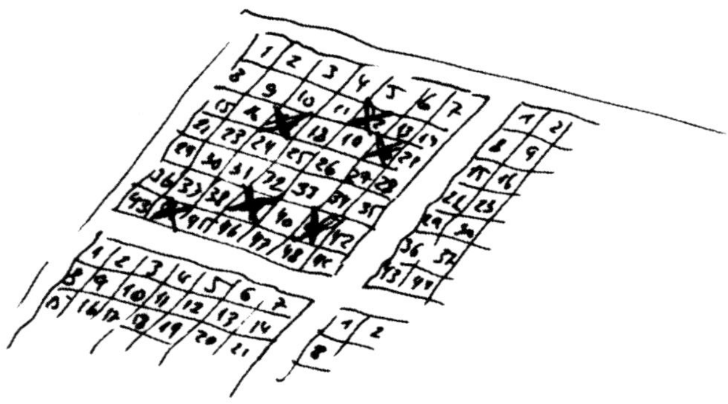

25. Die Geburtstagswette

Wetten Sie doch in der nächsten größeren Gesellschaft darauf, dass mindestens zwei Personen unter den Anwesenden am selben Tag Geburtstag haben, Ihre Gewinnwahrscheinlichkeit ist deutlich höher als beim Lotto!

Die Forderung, dass mindestens zwei Personen am selben Tag Geburtstag haben, ist nicht ganz einfach zu „übersetzen“. Einfacher ist dagegen die Forderung umzusetzen, dass es eben keine Paarung gibt, die am selben Tag Geburtstag hat: Wenn es kein „Geburtstagspaar“ geben darf, dann kann die erste der anwesenden Personen an allen 365 Tagen im Jahr Geburtstag haben, die zweite noch an 364 Tagen, die dritte nur noch an 363 Tagen u.s.w.

Die Bestimmung der „möglichen Fälle“ ist recht einfach: Bei zwei Personen gibt es 365·365 mögliche Geburtstagspaarungen, bei drei Personen sind es 365·365·365 mögliche Kombinationen u.s.w. Die Wahrscheinlichkeit, dass unter drei Personen keine zwei am selben Tag Geburtstag haben, beträgt damit 365·364·363 / 365·365·365 und ist mit 0,99 erwartungsgemäß hoch. Wollen wir die Wahrscheinlichkeit für größere Anzahlen untersuchen, dann müssen wir die Zahlenfolgen im Zähler und Nenner des Bruchs entsprechend der Personenanzahl weiterführen, bei 10 Personen beispielsweise

365·364·363·362·...·356 / 365·365·365·365·...·365.

Jetzt ist die Wahrscheinlichkeit, dass keine zwei Personen am selben Tag Geburtstag haben, bereits auf etwa 0,88 gesunken.

Allerdings galt das ursprüngliche Interesse der Wahrscheinlichkeit, mit welcher mindestens zwei Personen am selben Tag Geburtstag haben. Dies ist genau die „Gegenwahrscheinlichkeit“, die sich als Differenz zu 1 bestimmen lässt. Die Wahrscheinlichkeit, dass unter 10 Personen mindestens zwei am selben Tag Geburtstag haben, beträgt somit etwa 0,12. Verblüffend ist, dass diese Wahrscheinlichkeit bereits bei 23 Personen (2 Fußballmannschaften plus Schiedsrichter) auf 50% angewachsen ist. Bei 70 Personen liegen Sie mit 0,999 ganz auf der sicheren Seite

26. Ziege oder Auto?

Wir Menschen sind nicht unbedingt dafür prädestiniert, Wahrscheinlichkeiten richtig einzuschätzen. Als ein Beispiel mag das im letzten Kapitel vorgestellte „Geburtstagsparadoxon“ gelten. Es gibt noch einen weiteren Beleg für unsere schlechte Intuition, der vor einigen Jahren in den USA diskutiert und dessen Lösung sogar unter angesehenen, aber „zu kurz denkenden“ Mathematikern einen Proteststurm ausgelöst hat.

Im Fernsehquiz werden dem Kandidaten drei Türen präsentiert, hinter einer verbirgt sich ein Auto als Hauptgewinn, hinter den beiden anderen meckern Ziegen als Trostpreise. Der Kandidat darf eine Türe auswählen. Nach dessen Wahl öffnet der Quizmaster – der natürlich weiß, was sich hinter welchen Türen verbirgt – eine der beiden verbliebenen Türen und zwar immer eine Tür, hinter der eine Ziege zum Vorschein kommt. Jetzt wird dem Kandidaten freigestellt, ob er bei seiner ursprünglich gewählten Tür bleiben oder sich für die andere Tür entscheiden will. Welche Taktik (bleiben oder wechseln) verspricht den größeren Erfolg? Zur Klärung spielen wir die drei möglichen Situationen durch. Wir gehen dabei immer davon aus, dass der Kandidat zunächst Tür 1 gewählt hat. Nun gibt es drei Möglichkeiten:

Das Auto befindet sich hinter Tür 1. Dann sollte der Kandidat nicht wechseln, unabhängig davon, was der Quizmaster macht. Das Auto befindet sich hinter Tür 2. Dann muss der Quizmaster Tür 3 öffnen. Wer wechselt, gewinnt! Das Auto befindet sich hinter Tür 3. Dann muss der Quizmaster Tür 2 öffnen. Wer wechselt, gewinnt!

In zwei der drei möglichen Fälle gewinnt man also, wenn man wechselt! Wer's nicht glaubt – und das dürften viele sein – soll's einfach mit 3 Spielkarten und einem „Quizmaster" oft genug nachspielen.

27. Ein „wahrscheinlich" verblüffender Trick

Bitten Sie einen Stammtischbruder, eine beliebige zweistellige Zahl mit beliebigen einstelligen Faktoren so lange zu multiplizieren, bis eine sechsstellige Zahl erreicht ist. Von dieser Zahl soll er eine beliebige Ziffer einkringeln und Ihnen die anderen fünf nennen. Sie können dann – ziemlich sicher – die verschwiegene eingekringelte Ziffer nennen.

Wer sich an die bereits weiter oben erläuterten Tricks erinnert, weiß, dass dieses Verfahren funktioniert, wenn die sechsstellige Zahl durch 9 teilbar ist. Dann müssen nur die genannten fünf Zahlen aufsummiert und die Differenz zur nächsten Neunerzahl genannt werden. Wie können wir aber sicher sein, dass die erhaltene Zahl tatsächlich durch 9 teilbar ist?

Nun, eine Sicherheit gibt es in diesem Fall tatsächlich nicht! Aber: Um eine zweistellige Zahl mit einstelligen Faktoren in den Bereich einer sechsstelligen Zahl zu bringen, benötigt man etwa 4 – 6 Multiplikationen. Verwendet man dabei lauter unterschiedliche Faktoren, so hat man schon mit einer Wahrscheinlichkeit von 6/8 oder eben 75% den Faktor 9 im Produkt. Aber auch, wenn explizit nicht mit 9 multipliziert wird, gibt es noch Hoffnung: Es könnte ja sein, dass als Ausgangszahl ein Vielfaches von 9 oder wenigstens ein Vielfaches von 3 gewählt wurde. Im zweiten Fall benötigt man noch einmal eine 3 als Faktor beim Multiplizieren. Wird keine Dreierzahl als Ausgangszahl gewählt, so muss zweimal mit dem Faktor 3 multipliziert werden, wobei die 3 natürlich auch in der Zahl 6 „versteckt" sein kann. Kurz und zusammenfassend: Es muss in der Ausgangszahl oder in den Faktoren zweimal die 3 enthalten sein, dann ist die errechnete Zahl sicher durch 9 teilbar und der Trick funktioniert.

Eine Wahrscheinlichkeit für das Funktionieren kann allerdings nicht berechnet werden, da es bei der subjektiven Auswahl der Zahlen Vorlieben gibt. Wenn Sie selbst eine zweistellige Zahl nennen sollen, werden Sie kaum an die Intervallgrenzen gehen, sondern eher eine Zahl aus der Mitte wählen. Die gewählten Zahlen sind also nicht mehr gleich-wahrscheinlich, wie es bei einem ordentlichen Würfel der Fall ist und wie es für eine einfache Wahrscheinlichkeitsrechung vorausgesetzt wird.

28. Nun laufen sie wieder, …

… die Vierziger über den Marktplatz in Schwäbisch Gmünd. Man mag es ja als Naturgesetz nehmen, dass der Schwabe mit 40 „g'scheit“ wird, Anlass genug für ein rauschendes Fest ist das allemal. Doch warum ist es gerade der vierzigste Geburtstag, der so pompös begangen wird? Wir Menschen mit unseren zehn Fingern denken gerne in Dekaden und für manche Existenzgründer ist deren zehnjähriges Bestehen auch bereits ein Grund zum Feiern. Wir selbst möchten schon gern etwas älter werden und da wir die nächste Zehnerpotenz – unseren einhundertsten Geburtstag – nur in ganz seltenen Fällen erleben dürfen, ist es doch eigentlich jeder „runde“ Geburtstag wert, gebührend gefeiert zu werden. Was also macht die besondere Stellung des 40. Geburtstags aus?

Die Zahl 39 besteht aus dreimal der Unglückszahl 13. Hat man also die Vierzig erreicht, so hat man (hoffentlich) alles Unglück hinter sich gelassen.

Aus mathematischer Sicht ist die Zahl 40 mit der leider meist in unerreichbarer Ferne liegenden Zahl 100 sehr eng verwandt: Man zerlege hierzu beide Zahlen in deren Primfaktoren:

$$40 = 2 \cdot 2 \cdot 2 \cdot 5 \text{ und}$$

$$100 = 2 \cdot 2 \cdot 5 \cdot 5$$

Jetzt wird deutlich, dass beide Zahlen aus genau vier Primfaktoren bestehen und sich diese Primfaktorzerlegungen nur in einem einzigen Primfaktor unterscheiden. Ersetzt man in der Zerlegung der 40 eine 2 durch eine 5, dann sind wir schon bei der erstrebenswerten Zahl 100 angelangt.

Statt in Faktoren kann man eine Zahl auch in Summanden zerlegen. Auch hierbei hat die 40 etwas Schönes zu bieten, ist sie doch die Summe der ersten vier Dreierpotenzen 1+3+9+27. Schreibt man die Zahl 40 nicht im gewohnten Zehnersystem, sondern im System zur Basis 3, so lautet sie 1111 und der gescheite Schwabe kann eine „Schnapszahl" feiern. Wenn dies einigen Damen aber „zu alt" aussieht, so mögen diese ein Stellenwertsystem mit einer Basis größer als 10 verwenden. Flugs sind sie im 12er-System dann 34 Jahre jung oder im 16er-System gar erst 28. Die Mathematik bietet also durchaus Möglichkeiten, jung zu bleiben.

Wie dem auch sei: Feiern Sie schön und genießen Sie ihr 40. Lebensjahr, bevor Sie dann im nächsten Jahr mit einer unzerlegbaren Primzahl vorlieb nehmen müssen.

29. Die Geometrie der Orgel

Beim Stichwort Kirchenmusik denkt man an die Pfeifenorgel. Nicht nur klanglich vermag ein solches Instrument zu beeindrucken, auch optisch ist eine Orgel interessant und ansprechend. Häufig sind die großen Pfeifen der Bassregister in die Orgelfront – den „Prospekt“ – integriert. Die tiefste und damit längste Pfeife eines 16-Fuß-Registers bringt es da leicht auf eine imposante Länge von etwa 5 Metern, während die Pfeifen für die höchsten Töne im Inneren der Orgel das Ausmaß eines kleinen Bleistiftstummels haben. Woher weiß aber der Orgelbauer, wie lang er eine Pfeife für eine bestimmte Tonhöhe machen muss?

Die Frequenzen der Töne und damit die Längen der Pfeifen stehen in festen Verhältnissen zueinander. Halbiert man die Länge einer Pfeife, so erklingt der neue Ton genau eine Oktave höher mit doppelter Frequenz. Eine Oktave besteht aus 12 Halbtonschritten, die „gleichstufig“ über die ganze Oktave verteilt werden, wobei das Frequenzverhältnis zwischen zwei aufeinander folgenden Halbtonschritten immer dasselbe ist. Man muss die Frequenz des Tones c mit dieser Verhältniszahl malnehmen, um die Frequenz des Tones cis zu erhalten. Multipliziert man die Frequenz von cis wieder mit derselben Verhältniszahl, so erhält man die Frequenz des nächsten Tones d. Hat man sich derart durch alle 12 Halbtonschritte der Oktave hochgearbeitet, so hat man 12-mal mit derselben Zahl multipliziert und am Ende eine Verdoppelung, also den Faktor 2 erhalten. Die gesuchte Verhältniszahl 12-mal mit sich selbst multipliziert muss somit die Zahl 2 ergeben. Die Lösung liefert der Taschenrechner, wenn wir ihn anweisen, die 12. Wurzel aus 2 zu ziehen. Er nennt die Zahl 1,0594631 als Frequenzverhältnis von zwei aufeinander folgenden Halbtönen. Da die Tonhöhe und die Pfeifenlänge in umgekehrtem Verhältnis zueinander stehen, braucht der Orgelbauer nur die Länge einer Pfeife durch diese Zahl zu dividieren, um die Länge der um einen Halbton höheren Pfeife zu erhalten. Eine Abfolge von Zahlen, bei welcher die nächste Zahl immer durch Multiplikation oder Division der vorhergehenden mit einem festen Wert ermittelt wird, ist eine „geometrische Reihe“. Bei manchen Orgeln sind die aufeinander folgenden Pfeifen einer oder mehrerer Oktaven direkt nebeneinander im Prospekt aufgestellt. Der elegante Schwung dieser Pfeifenreihe verdeutlicht die immanente Ästhetik mathematischer Strukturen augenfällig.

30. Die Angst des Torwarts

Der Elfmeter wurde 1891 in Irland erfunden und war als Ausgleich für ein grobes Foul im Strafraum gedacht. Die Statistik besagt, dass gut 75% aller Elfmeter verwandelt werden. In der Amateurliga liegt dieser Wert deutlich niedriger, bei Weltmeisterschaften dagegen führen über 80% der Elfmeter zum Torerfolg. Auch diese Zahlen können mathematisch fundiert werden.

Eine erste Abschätzung ist recht einfach: Das Fußballtor ist exakt 7,32 m lang und 2,44 m hoch, der Schütze muss also in eine rechteckige Fläche von knapp 18 m^2 treffen. Der Torhüter versucht, dies mit seinem Körpereinsatz zu verhindern. Durch schnelles Bewegen seiner Beine und Arme kann er etwa eine Fläche von insgesamt 4,5 m^2 abdecken, das bedeutet, dass der Schütze in die freien 13,5 m^2 treffen muss. Diese freien 13,5 m^2 sind aber genau 75% der gesamten Torfläche und entsprechen somit exakt der statistischen Torwahrscheinlichkeit.

Natürlich muss ein Schütze zunächst überhaupt die Torfläche treffen, wenn er Erfolg haben will und da scheinen sich die Spieler der Amateurliga etwas schwerer zu tun als ihre weltmeisterlichen Kollegen. Andererseits ist natürlich auch die Qualität der Torhüter in Nationalmannschaften sicher besser, was aber offensichtlich eine höhere Trefferquote bei Länderspielen nicht verhindern kann. Überlegen wir daher noch, welche „Möglichkeiten" auch ein sehr guter Torwart überhaupt hat:

Die Ballgeschwindigkeit bei Elfmetern beträgt etwa 100 km/h, das sind rund 28 m/s. Für die 11 m zur Tormitte braucht der Ball also 0,4 Sekunden. Der Weg in die oberen Ecken ist mit 11,85 m nur unwesentlich länger, der Ball ist dorthin 0,42 Sekunden unterwegs. Bei guten Sprintern wurde eine Reaktionszeit von 0,15 Sekunden festgestellt, bei Normalbürgern liegt sie eher bei 0,2 bis 0,3 Sekunden. Selbst wenn wir einem Weltklassetorwart eine schnelle Reaktionszeit von 0,15 Sekunden zutrauen, hat der Ball in dieser Zeit mit 4,2 Metern bereits gut ein Drittel seines Weges ins Tor zurück gelegt. Die restlichen 0,27 Sekunden bis zum Einschlag des Balles in die Torecke hat der Torwart zur Verfügung, um ebenfalls dorthin zu gelangen. Der Torwart darf sich vor dem Schuss nur auf der Torlinie bewegen und steht meist zusammengekauert und absprungbereit in der Mitte. Vom Mittelpunkt der Torlinie bis in die oberen Ecken sind es 4,4 m und selbst wenn man die Körpergröße des Torwarts abzieht, müsste er in 0,27 Sekunden etwa 2,5 m zurücklegen, um einen gut platzierten Ball zu erwischen. Dafür wäre eine Geschwindigkeit von über 9 m/s notwendig, realistisch ist gerade mal die Hälfte.

Auch ein reaktionsschneller Torwart hat also keine Chance, einen gut in die Ecken geschossenen Ball zu erwischen. Wenn dies trotzdem ab und an gelingt, dann deshalb, weil manche Torhüter die beabsichtigte Ecke relativ bald im Ansatz erkennen oder eben die bevorzugten Ecken mancher Schützen kennen. War da nicht ein geheimnisvoller Zettel von Jens Lehman bei der WM in Deutschland?

31. Fußball-Mathematik

Warum rennen bei Fußballspielen – von der Regional- über die Bundesliga bis hin zu Weltmeisterschaften – genau 10 Feldspieler pro Mannschaft über das Spielfeld? Nach den ersten Fußballregeln von 1848 bestand eine Mannschaft aus 15 bis 20 Spielern, erst 1870 wurde die Anzahl auf 11 Spieler begrenzt. Aber warum gerade auf 11? Mit Hilfe der Mathematik lässt sich diese Regel recht gut begründen, überlegen wir uns dazu zunächst einige Zusammenhänge:

Da im Training auf kleineren Spielfeldern oder bei Hallenturnieren weniger Spieler eingesetzt werden, scheint die Spieleranzahl mit der Größe des Spielfeldes zusammenhängen. Mit nur 2 oder 3 Feldspielern pro Mannschaft auf einem großen Spielfeld wäre ein Spiel bestimmt langweilig und langatmig, da die Spieler zu viel „Raum“ hätten und es nur zu relativ wenigen Ballkontakten käme. Umgekehrt wäre mit 20 oder 30 Spielern pro Mannschaft das Feld „überfüllt“: Kein Spieler hätte Platz, seine Ideen umzusetzen und der Ball würde eher verwirrend wie beim Flipper in schneller Folge und relativ planlos zwischen den Spielern hin- und hergedroschen. Dies kann man sehr schön auf der Wiese beobachten, wenn im freien Spiel zu viele Leute auf einem zu kleinen Feld spielen. Wichtig ist also auch, jedem Spieler ausreichend Raum zu geben, ohne dass er zu lange Wege gehen muss.

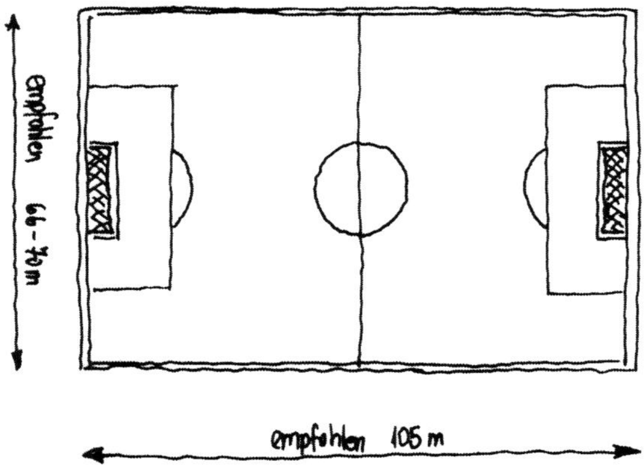

Besorgen wir uns zunächst noch ein paar Daten und Fakten: Ein Fußballfeld ist etwa 105 m lang und 68 m breit, es hat demnach eine Fläche von 7140 m^2. Ein guter Spieler erreicht im kurzen Sprint bis zu 35 km/h, nehmen wir als mittlere Durchschnittsgeschwindigkeit etwa die Hälfte, das sind 5 m/s. Spielstatistiken entnehmen wir, dass es im Spiel zu etwa 20 Ballkontakten pro Minute kommt, also dauert ein Ballkontakt pro Spieler etwa 3 Sekunden. In dieser Zeit kann er sich somit $3\,s \cdot 5\,m/s = 15\,m$ weit in alle Richtungen bewegen. Dies wiederum heißt, dass er einen Kreis mit einem Radius von 15 m bzw. einen Flächeninhalt von $15^2 m^2 \cdot \pi = 706{,}85\,m^2$ abdecken kann. Und damit schließt sich auch der Kreis unserer Überlegungen: Wenn das Spielfeld 7140 m^2 groß ist und ein Spieler pro Ballkontakt in einem Feld von etwa 706 m^2 agieren kann, dann sind 10 Spieler pro Mannschaft genau die richtige Anzahl, um das Spielfeld optimal „abzudecken“.

Unsere Überlegungen stimmen übrigens nicht nur für das Fußballspiel. Legt man beim Eishockey einen Puckkontakt von 1 Sekunde Dauer und eine Geschwindigkeit der Spieler von 10 m/s zugrunde, so errechnet sich ein Aktionskreis von 10 m Radius bzw. 314 m^2 pro Spieler. Dividiert man die Spielfläche von 61m·30m=1830 m^2 durch diesen Wert, so kommen wir auf 5,8 Spieler. Tatsächlich dürfen beim Eishockey immer 6 Spieler pro Mannschaft auf dem Eis sein.

32. Pythagoras von Samos

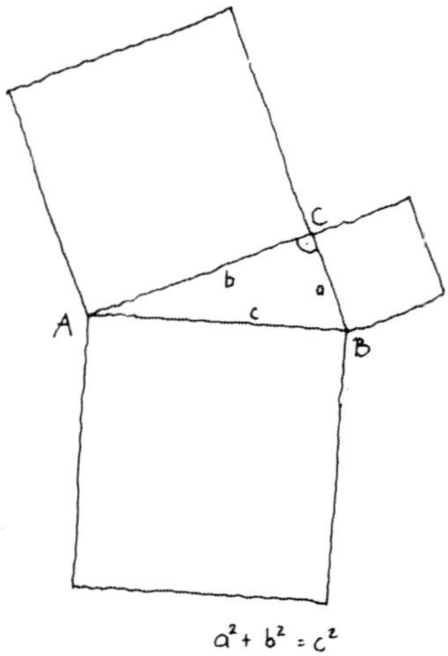

Fragt man Schüler nach „dem Pythagoras“, so werden diese in aller Regel kurz und bündig antworten: „$a^2 + b^2 = c^2$“. Diese Antwort ist – zumindest in der dargebotenen Kürze – falsch. Geht man davon aus, dass für a, b und c Zahlen eingesetzt werden dürfen und nehmen wir dafür die Zahlen 1, 2 und 3, so wird jedem schnell klar, dass diese Gleichung nicht stimmt. Das mag nun manchen als Haarspalterei vorkommen, zeigt aber deutlich, dass die Mathematik eine exakte Wissenschaft ist, in welcher auch die „Randbedingungen“ nicht außen vor gelassen werden dürfen.

Der Satz des Pythagoras ist untrennbar mit rechtwinkligen Dreiecken verbunden und nur wenn a und b die Seitenlängen der Katheten und c die Hypotenusenlänge ist, stimmt die Rechnung. Pythagoras, der gut 500 Jahre v. Chr. lebte, hat diese Beziehung nicht selbst gefunden, sondern sie von den Ägyptern oder Babyloniern mitgebracht. Eine erste Erwähnung findet sich bereits auf

3500 Jahre alten babylonischen Steintafeln. Pythagoras gebührt aber der Verdienst, dass er diese Beziehung erstmals bewiesen hat. Bis heute sind über 300 Beweise bekannt, welche durch ihre Anzahl belegen, dass dieser Satz tatsächlich zu den fundamentalen Sätzen der Geometrie gehört.

Der nach ihm benannte Satz ist aber nicht das einzige Verdienst des Pythagoras. Er fand beispielsweise die in einem früheren Kapitel genannte Beziehung zwischen Arithmetik und Musik: Eine Saite, die – wie bei einer Gitarre – exakt in der Hälfte abgegriffen wird, erklingt genau eine Oktave höher als die leere Saite. Teilt man die Saite bei zwei Dritteln und zupft den längeren Teil, so erklingt eine Quinte. Teilt man bei drei Vierteln, so erklingt die Quarte. Eine Terz erklingt bei vier Fünfteln der Saitenlänge. Auch alle weiteren Intervalle der Tonleiter entstehen durch Unterteilen der Saite in ganzzahlige Verhältnisse. Diese Erkenntnis soll Pythagoras zu seinem „Credo“ inspiriert haben: „Alles ist Zahl“ womit er meinte, dass sich alles in der Natur durch Verhältnisse ganzer Zahlen ausdrücken lässt.

33. Irrationale Zahlen

Das „Credo“ des Pythagoras, wonach sich alle in der Natur vorkommenden Größen als Verhältnisse von natürlichen Zahlen darstellen lassen, wankte und fiel bereits noch zu Lebzeiten von Pythagoras. Mit den „Verhältnissen“ meinten die Pythagoräer nichts anderes als unsere auch heute noch gebräuchlichen Brüche, die in der Mathematik als „rationale Zahlen“ bezeichnet werden. Nun stieß ein Schüler des Pythagoras, Hippasos von Metapont, ausgerechnet bei der Untersuchung des regelmäßigen Fünfecks auf die Unmöglichkeit, das Verhältnis von Seitenlänge und Länge der Diagonalen als Bruch darzustellen. Das regelmäßige Fünfeck war das „Logo“ der Pythagoräer und so war es natürlich besonders schlimm, dass ihr Weltbild gerade an ihrem Abzeichen ad absurdum geführt wurde.

Man braucht sich aber nicht einmal die etwas schwierigeren Verhältnisse am regelmäßigen Fünfeck klar zu machen, bereits beim Quadrat stehen Seitenlänge und Diagonale in keinem rationalen Verhältnis: Zwei nebeneinander liegende Seiten des Quadrats bilden zusammen mit einer Diagonalen ein rechtwinkliges Dreieck, in welchem der Satz des Pythagoras anwendbar ist. Wenn die Seite des Quadrats die Länge 1 hat, dann errechnen wir nach Pythagoras für die Diagonalenlänge den Wert „Wurzel aus 2". Gesucht ist also eine Zahl, die mit sich selbst malgenommen die Zahl 2 ergibt. Diese gesuchte Zahl kann aber nicht durch ein Verhältnis ganzer Zahlen dargestellt werden, wie relativ leicht nachgewiesen werden kann:

Für diesen Nachweis nehmen wir zunächst an, dass „Wurzel aus 2" doch durch einen Bruch p/q als Verhältnis zweier ganzer Zahlen dargestellt werden kann. Durch beiderseitiges Quadrieren erhalten wir die Gleichung $2 = p^2/q^2$, die wir schließlich noch in die äquivalente Form $2 \cdot q^2 = p^2$ bringen können.

Nun stellt p eine x-beliebige ganze Zahl dar, die wir nicht kennen. Somit kennen wir auch nicht die Primfaktorzerlegung dieser Zahl. Wir wissen allerdings aus unseren früheren Betrachtungen über Primzahlen sicher, dass sich alle Zahlen eindeutig als Produkt aus lauter Primzahlen darstellen lassen. Allerdings wissen wir wiederum nicht, ob und ggf. wie oft der Primfaktor 2 in der Primfaktorzerlegung von p vorkommt. Es ist aber egal, wie oft der Faktor 2 in p enthalten ist, in p^2 ist der Faktor 2 immer doppelt so oft enthalten. Dies gilt für alle Primfaktoren einer Zahl: Beim Quadrieren einer Zahl werden ihre Primfaktoren einfach verdoppelt. Deshalb tritt der Primfaktor 2 auf der rechten Seite unserer Gleichung immer in gerader Anzahl auf, wobei übrigens auch die Null problemlos als gerade Zahl akzeptiert wird!

Das eben Gesagte trifft nun genau so auf die Zahl q bzw. q^2 zu: In q^2 tritt der Primfaktor 2 mit Sicherheit ebenfalls immer nur in gerader Anzahl auf.

Auf der linken Seite unserer Gleichung $2 \cdot q^2 = p^2$ tritt die Primzahl 2 aber explizit noch ein weiteres Mal in Erscheinung. Damit kommt der Faktor 2 auf der linken Gleichungsseite immer in ungerader Anzahl vor, auf der rechten Gleichungsseite immer nur in gerader Anzahl. Damit „stimmt" aber unsere Gleichung insgesamt nicht mehr und damit kann auch die Annahme, die uns auf diese Gleichung geführt hat, nicht korrekt sein. Die Wurzel aus 2 kann also nicht als Bruch dargestellt werden.

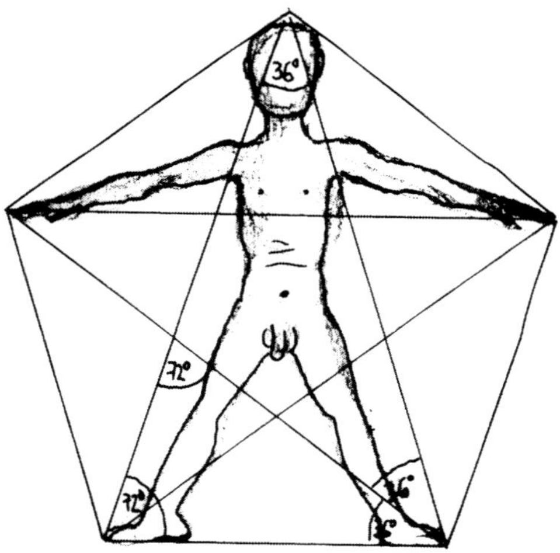

34. Ein Beweis per „Umleitung"

Im vorhergehenden Kapitel hatten wir nachgewiesen, dass $\sqrt{2}$, die „Wurzel aus 2", keine rationale Zahl ist, also nicht durch einen gewöhnlichen Bruch dargestellt werden kann. Diesen Beweis hatten wir geführt, indem wir zunächst genau das Gegenteil angenommen hatten, nämlich, dass „Wurzel aus 2" eben doch als Bruch p/q dargestellt werden kann. Diese Annahme wurde durch ein paar einfache Überlegungen ad absurdum geführt und daraus geschlossen, dass deren Gegenteil richtig sein muss.

Diese Art des Beweisens führt selbst für viele mathematisch Interessierte quasi „von hinten durch die Brust ins Auge“, kommt also vermeintlich erst nach einer gewaltigen Umleitung zum Ziel. Dem ist natürlich nicht so, man muss aber – wie immer bei mathematischen Themen – exakt und insbesondere logisch denken. Vielleicht lässt sich dieses Beweisverfahren ja mit einer kleinen Analogie verdeutlichen:

Angenommen, Sie kommen bei einer Wanderung an eine Weggabelung und wissen sicher, dass nur ein Weg ans Ziel führt und der andere irgendwo durch einen Bergrutsch blockiert ist. Man mag dann vielleicht „glauben“, dass der eine Weg der richtige ist. Solange man das aber nicht sicher weiß, wird man ihn immer mit einem unguten Gefühl gehen und muss damit rechnen, dass man selbst nach vielen Kilometern unbeschwerten Wanderns in einer Sackgasse steckt. Da kann es doch geschickter sein, zunächst den als „falsch“ empfundenen Weg zu gehen, um auf ihm nach wenigen Metern hinter der nächsten Biegung, dessen Ende zu sehen. Damit ist dieser Weg mit wenig Aufwand eindeutig als der falsche identifiziert und man kann unbeschwert mit der Gewissheit, auf dem richtigen Weg zu sein, den anderen wählen.

Dieses in der Mathematik als „indirektes Beweisen“ bekannte Verfahren fußt auf der formalen Logik, die Aristoteles bereits im 4. Jahrhundert v. Chr. begründet hat. Es ist eine „zweiwertige“ Logik, da die Aussagen, mit denen sie umgeht, nur wahr oder falsch sein können. Die Aussage: „Heute ist Samstag“ ist an einem Tag der Woche wahr, an allen anderen Tagen eben falsch – eine andere Wertung gibt es nicht! Genau so wenig, wie man ein wenig tot oder frau ein wenig schwanger sein kann. Also: Entweder tot oder lebendig, schwanger oder nicht schwanger, wahr oder falsch. Etwas Drittes gibt es nicht („tertium non datur“)!

Im Übrigen beweist auch ein Arzt bei der Leichenschau nicht direkt, dass ein Mensch tot ist. Er zeigt vielmehr, dass der arme Mensch nicht mehr lebt, weil Herzschlag, Atmung, Pupillenreflexe u.s.w. fehlen und schließt dann daraus indirekt, dass er tot sein muss. Der erfreulichere Nachweis einer Schwangerschaft erfolgt hingegen auf „direktem" Weg, da aus dem Vorliegen bestimmter Hormone auf die erfolgte Befruchtung einer Eizelle geschlossen wird.

35. Pythagoreische Tripel

Wir greifen nochmals den „Satz des Pythagoras“ in der Form auf, in der er oft von Schülern genannt wird: „$a^2 + b^2 = c^2$“ und fragen uns, welche ganzen Zahlen man für a, b und c verwenden darf, damit die Gleichung stimmt. Diese Fragestellung ist wahrscheinlich älter als der Satz selbst, bauten doch mit ihr die Ägypter ihre Pyramiden und vermaßen ihre Felder. Die „Harpedonapten“ oder „Seilspanner“ bildeten eine eigene Zunft unter den ägyptischen Priestern. Sie unterteilten ein Seil durch 11 Knoten in 12 gleich lange Stücke, der 12. Knoten verband entsprechend Anfang und Ende des Seils. Spannten nun 3 Leute dieses geschlossene Seil so, dass die einzelnen Dreiecksseiten aus 3, 4 und 5 Teilstücken bestanden, dann erzeugte man damit einen rechten Winkel zwischen den Seiten mit 3 und 4 Teilstücken. Dieses Verfahren beruht auf der Umkehrung des „Satzes von Pythagoras“ und funktioniert auch heute noch exakt und zuverlässig – auch wenn es in den Zeiten von Lasermessgeräten weitestgehend obsolet geworden und in Vergessenheit geraten ist.

Setzt man 3, 4 und 5 für a, b und c in die obige Gleichung ein, so erhält man mit $3^2+4^2=5^2$ eine richtige Gleichung im Sinne des Pythagoras. Die Zahlen 3, 4 und 5 nennt man deshalb ein „pythagoreisches Tripel“. Gibt es noch weitere Zahlen, welche zu einer „richtigen“ Gleichung führen? Offensichtlich braucht man nur alle Zahlen zu verdoppeln und man erhält mit 6, 8 und 10 wieder ein pythagoreisches Tripel. Man kann auch alle Zahlen verdreifachen oder vervierfachen oder ganz allgemein mit einem gleichen Faktor multiplizieren. Damit lassen sich aus dem „primitiven“ Tripel 3,4,5 schon unendlich viele weitere pythagoreische Tripel ableiten. Primitive Tripel sind solche, die keinen gemeinsamen Teiler haben und auch hiervon gibt es unendlich viele. die nächst größeren primitiven Tripel sind 5, 12, 13 und 8, 15, 17 sowie 7, 24, 25 u.s.w. Es gibt Formeln, mit denen sich solche Tripel erzeugen lassen.

Bei den primitiven Tripeln fällt auf, dass immer zwei Zahlen ungerade sind und eine gerade ist: Es können nicht alle drei Tripel gerade sein, da sie sonst den gemeinsamen Faktor 2 hätten und damit eben nicht „primitiv“ wären. Es können auch nicht alle drei Tripel ungerade sein, weil die Summe aus zwei ungeraden Zahlen immer eine gerade Zahl ergibt. Denkbar wäre nun noch, dass a und b ungerade sind, in der Summe wäre dann c gerade. Wenn man allerdings zwei ungerade Zahlen zunächst quadriert und dann addiert, dann erhält man immer eine Zahl, die zwar gerade, aber nicht durch 4 teilbar ist. Jede gerade Zahl c führt aber beim Quadrieren auf eine durch 4 teilbare Zahl. Somit bleibt nur noch die Möglichkeit, dass eine der beiden Zahlen a und b gerade und die andere ungerade und c ebenfalls ungerade ist. Diesen Überlegungen liegt auch zugrunde, dass die Eigenschaft „gerade“ bzw. „ungerade“ einer Zahl beim Quadrieren erhalten bleibt.

36. Fermats letzter Satz

Offensichtlich fällt es nicht schwer, für die Pythagoras-Gleichung $a^2+b^2=c^2$ beliebig viele Tripel aus ganzen Zahlen zu finden, welche diese Gleichung erfüllen. Viele dieser „pythagoreischen Tripel“ waren bereits im Altertum bekannt und wurden für die Erzeugung rechter Winkel benutzt. So lag die Frage nahe, ob auch für die Gleichung $a^3+b^3=c^3$ Tripel aus ganzen Zahlen gefunden werden können, welche diese Gleichung erfüllen. Und wie sieht es bei $a^4+b^4=c^4$ oder allgemein bei $a^n+b^n=c^n$ aus?

Zunächst wurde sicher nur vergeblich „probiert“, ganzzahlige Lösungen für diese Gleichungen zu finden, bis im Jahre 1637 Pierre de Fermat die Behauptung aufstellte, dass es für keine dieser Gleichungen mehr ganzzahlige Lösungen geben kann. Er behauptete auch, einen Beweis dafür gefunden zu haben, doch sei „der Rand hier zu schmal, um ihn zu fassen“. Damals war Papier noch nicht im heutigen Überfluss vorhanden und Fermat hatte die Angewohnheit, seine Anmerkungen an den Rand der von ihm durchgearbeiteten Mathematikbücher zu schreiben. Er war eigentlich Jurist und beschäftigte sich nur nebenbei, aber doch äußerst erfolgreich und fruchtbar mit mathematischen Fragestellungen. Allerdings war er ein Sonderling, der sich darin gefiel, seine Erkenntnisse nicht als „fertige Lösungen“ zu publizieren. Vielmehr behauptete er in Briefen an Mathematiker immer nur, er habe ein Problem gelöst und gab Hinweise zur Lösungsfindung in Form von „Denksportaufgaben“. Seinen angeblichen Beweis für das oben geschilderte Problem nahm er jedenfalls 1665 mit ins Grab.

Der Ehrgeiz nachfolgender Mathematiker-Generationen war damit angestachelt und rund 100 Jahre später konnte Leonhard Euler beweisen, dass die fragliche Gleichung tatsächlich keine Lösungen besitzt, wenn man 3 und 4 als Exponenten verwendet. 1825 war klar, dass es auch für die Hochzahl 5 keine Lösungen gibt und 1839 war dies auch für den Exponent 7 gesichert.

Die Suche nach dem Beweis des fermatschen Satzes war so spannend geworden, dass sie sogar ein Menschenleben rettete: Der Mathematiker Paul Wolfskehl wollte sich aus Liebeskummer selbst töten und legte den Zeitpunkt auf Mitternacht fest. Aus „Zeitvertreib“ beschäftigte er sich in der Zwischenzeit mit dem fermatschen Problem und war davon derart gefesselt, dass er seine Selbstmordgedanken fallen ließ. Aus Dankbarkeit darüber vermachte er im Jahr 1906 bei seinem (natürlichen) Tod 100.000 Goldmark demjenigen, der einen allgemeinen Beweis vorlegen würde. Dieser Preis – durch die Inflation waren nur noch 70.000 DM verblieben – wurde 1995 an Andrew Wiles ausbezahlt. Wiles hatte den Beweis allerdings mit Methoden geführt, die zu Fermats Zeiten noch völlig unbekannt gewesen waren. Die spannende Geschichte dieses mathematischen Rätsels ist auch für Nicht-Mathematiker in Simon Singhs Bestseller „Fermats letzter Satz“[11] gut nachvollziehbar beschrieben.

[11] wie schon erwähnt: Singh, Simon: Fermats letzter Satz, dtv, München, 2000

37. Mathematische Rätsel

Über 300 Jahre hat die Lösung der fermatschen Behauptung gedauert. Damit sind jedoch noch längst nicht alle alten mathematischen Rätsel gelöst. Es gibt vielmehr noch eine erkleckliche Anzahl von „Vermutungen", die ebenfalls einige hundert Jahre alt sind und trotzdem noch nicht bewiesen oder widerlegt werden konnten. Darunter sind auch viele Probleme, deren Fragestellungen außerhalb von Mathematikerkreisen problemlos plausibel gemacht werden können.

Das wahrscheinlich bekannteste Problem ist die so genannte „Goldbachsche Vermutung", die Christian Goldbach 1742 gegenüber Leonhard Euler äußerte: „Jede gerade Zahl größer als 2 kann als Summe zweier Primzahlen geschrieben werden." Diese Vermutung lässt sich für kleine Zahlen sofort überprüfen: 4=2+2, 6=3+3, 8=5+3, 10=5+5, 12=7+5 … So kann man natürlich weiter machen und mit Computerhilfe hat man die Gültigkeit der Vermutung auch schon für alle geraden Zahlen bis 10^{18} überprüft.

Ein Beweis ist dies freilich nicht und da es unendlich viele geraden Zahlen gibt, kommt man mit diesem Probieren auch nicht wirklich weiter. Es sei denn, man stößt tatsächlich auf eine Zahl, die sich eben nicht als Summe zweier Primzahlen schreiben lässt – dann wäre die Vermutung widerlegt. Man ist sich aber ziemlich sicher, dass die Vermutung stimmt und hat dafür auch gute Gründe: Je größer nämlich eine gerade Zahl ist, desto mehr Primzahlen gibt es, die als Summanden in Frage kommen.

Als weiteres Beispiel sei die „Legendresche Vermutung" genannt: „Zwischen zwei aufeinander folgenden Quadratzahlen gibt es mindestens eine Primzahl." Auch diese Vermutung lässt sich schnell klar machen: Zwischen 4 und 9 liegen mit 5 und 7 sogar 2 Primzahlen, zwischen 9 und 16 gibt es ebenfalls 2 Primzahlen 11 und 13, zwischen 16 und 25 gibt es gar 3 Primzahlen 17, 19 und 23. Auch hier führt ein Probieren nur dann zum Erfolg, wenn die

Vermutung durch ein Gegenbeispiel widerlegt werden könnte – was allerdings noch nicht gelungen ist.

Bei manchen wird nun natürlich die Frage aufkeimen, was denn durch die Beschäftigung mit solchen Rätseln gewonnen ist. In der Tat sind mit der Lösung der genannten Probleme kaum direkt wirtschaftlich nutzbare Ergebnisse zu erwarten. Allerdings hat die Lösung des im vorigen Beitrag geschilderten Fermatschen Problems durch die Entwicklung der benötigten Lösungsmethoden die Mathematik als Wissenschaft ein gutes Stück weiter gebracht. Solche positiven „Seiteneffekte“ können auch bei den hier aufgezählten Problemen erhofft werden. Und dann gibt es da natürlich noch die typisch menschliche Eigenschaft der Neugier und der Freude am kreativen Problemlösen. Wenn Sie wollen, können Sie sich an einem weiteren noch ungelösten mathematischen Rätsel versuchen:

Dazu denken Sie sich irgendeine beliebige natürliche Zahl aus. Ist diese Zahl gerade, dann halbieren Sie Ihre Zahl. Ist sie ungerade, dann verdreifachen Sie diese und addieren noch 1 dazu. Mit der dann erhaltenen Zahl verfahren Sie genau so und so geht es fortlaufend weiter. Egal mit welcher Zahl Sie auch beginnen mögen, Sie enden immer bei 4, 2, 1, 4, 2, 1, … Bewiesen ist dies allerdings noch nicht, ein Gegenbeispiel wurde allerdings auch noch nicht gefunden – Sie könnten also in die Annalen der Mathematik eingehen …

38. Mit Mathe überleben

Manch ein aus dem Mittelmeerraum zurückgekehrter Urlauber wird noch den Gesang der Zikaden in den Pinienwäldern im Ohr haben. Diese Singzikaden bilden jedoch nur eine Unterart der Zikaden, die es weltweit auf etwa 40.000 Arten bringen. Hier in Deutschland kommen ebenfalls Singzikaden vor, sie werden jedoch meist mit Grillen oder Heuschrecken verwechselt. In Nordamerika ist eine ganz besondere Art beheimatet, die Gattung Magicicada. Die Besonderheit dieser Gattung ist ihr sehr langer

Entwicklungszyklus. Die Larven dieser Tiere entwickeln sich viele Jahre im Boden, alle Larven des letzten Stadiums kommen fast gleichzeitig im Mai oder Juni an die Erdoberfläche, wo sie sich zum letzten Mal zum erwachsenen Insekt häuten. Die Partnersuche mit den charakteristischen Gesängen, Paarung und Eiablage dauern nur wenige Wochen, danach sterben die Tiere. Die aus dem Ei schlüpfende Larve gräbt sich in den Erdboden ein und der mehrjährige Entwicklungszyklus beginnt von neuem. Besonders auffällig und mathematisch interessant ist die Dauer der Entwicklungszyklen: Es gibt Arten mit 13-jährigen und mit 17-jährigen Entwicklungszyklen. Damit übertreffen diese Zikadenarten unseren Maikäfer mit seinem dreijährigen Zyklus bei weitem. Neben der langen Dauer der Zyklen fällt allerdings auf, dass es sich in allen Fällen um Primzahlen handelt.

Man hat lange darüber spekuliert, warum die Evolution solche langen Primzahlzyklen hervorgebracht hat. Primzahlen wie 2, 3, 5, 7 u.s.w. sind bekanntlich Zahlen, die nur durch 1 und sich selbst ohne Rest teilbar sind und genau diese Eigenschaft scheint das „Überleben" der Zikadenarten gesichert zu haben. Für das Überleben der Art ist es wesentlich, dass möglichst viele erwachsene Tiere für die Fortpflanzung sorgen können, diese dürfen also nicht allzu sehr von Fressfeinden dezimiert werden. Da solche Fressfeinde ebenfalls mehrjährige Entwicklungszyklen von 2, 3 oder 4 Jahren haben, kann die Zikade diesen durch möglichst lange unterirdische Entwicklungszeiten quasi „aus dem Weg" gehen. Irgendwann einmal muss die erwachsene Zikade jedoch aus dem Erdboden „ans Licht der Welt" kommen und nun spielt genau die Wahl dieses Zeitpunktes eine entscheidende Rolle: Hätte die Zikade einen 12-jährigen Zyklus, dann würde sie genau mit den Folgegenerationen aller ihrer alten Feinde aufeinander treffen. Diese Feinde hätten zwar einige Hungerzyklen hinter sich, könnten sich nun aber gemeinsam auf die aus dem Boden krabbelnden Zikaden stürzen, was für deren Überleben nicht förderlich wäre. Kommt die folgende Zikadengeneration aber ein Jahr später, nach einem 13-jährigen Zyklus aus dem Boden, so trifft sie auf keinen ihrer Fressfeinde und kann sich ungestört vermehren. Erst die nächste Generation trifft dann nach 26 Jahren auf die Feinde mit einem 2-jährigen Zyklus – soweit jene diese lange „Durststrecke“ überlebt haben. Die Feinde mit einem 3-jährigen Zyklus müssten 39 Jahre und damit 13 eigene Entwicklungszyklen abwarten, die 4-jährigen Feinde gar 52 Jahre.

Dass diese Strategie erfolgreich ist, konnte vor kurzem durch ein mathematisches Räuber-Beute-Modell mit Computerhilfe an den Universitäten von Santiago de Chile und Dortmund nachgewiesen werden. Man vermutet, dass diese „Entwicklungsstrategie“ der Zikaden sogar so erfolgreich war, dass sie ihren ursprünglichen Feind damit erfolgreich abgeschüttelt und ausgerottet hat. Die älteste bekannte Zikadenplage ist aus dem Jahr 1634 im Osten Tennessees überliefert. Seitdem wiederholt sich die Massenvermehrung dieser Insekten regelmäßig alle 17 Jahre, sie wurde 1991 zum 22. Mal registriert und in diesem Jahr krochen pünktlich Mitte Mai die Zikaden der 23. Generation aus dem Boden.

Siebzehnjährige Zikade

39. Kaninchen und Mathematik

Ob in Australien, auf Norderney oder neuerdings auch in Frankfurts Grünanlagen: Kaninchen können sich ob ihrer hohen Fruchtbarkeit rasch zur Plage entwickeln. Dies muss schon vor rund 800 Jahren so gewesen sein, als ein Italiener namens Leonardo da Pisa einige Überlegungen anstellte, um das Wachstum einer Kaninchenpopulation abzuschätzen. Dazu legte er fest, dass ein junges Kaninchenpaar im Alter von zwei Monaten geschlechtsreif werden und vom dritten Lebensmonat an jeden Monat ein weiteres Paar zur Welt bringen würde. Es ist eine anspruchsvolle Aufgabe, das Anwachsen der Kaninchenpopulation im Laufe der Monate zu bestimmen:

Man beginnt im ersten Monat mit einem jungen Paar, das auch im zweiten Monat noch alleine bleibt. Erst im dritten Monat bekommt es erstmals ein Pärchen als Nachwuchs, jetzt sind es also insgesamt 2 Paare. Im vierten Monat wirft das erste Paar ein weiteres Mal, wir haben also 3 Paare. Im fünften Monat wirft das erste Paar wieder, nun hat aber auch das zweite Paar erstmals Nachwuchs, die Population ist damit auf 5 Paare angewachsen. Im 6. Monat werfen die ersten beiden Paare wieder jeweils ein Paar und zusätzlich das nun fortpflanzungsfähige Paar aus dem 4. Monat, wir haben nun insgesamt 8 Paare.

Unsere bisher angewendete Methode zur Bestimmung der Anzahl der Kaninchenpaare wird nun schon ganz schön unübersichtlich, lassen wir uns daher etwas Besseres einfallen: Im 7. Monat leben all die Paare, die auch schon im 6. Monat gelebt haben, das waren 8 Paare. Außerdem sind im 7. Monat sicher alle 5 Paare, die schon im 5. Monat gelebt haben geschlechtsreif und bringen jeweils ein Pärchen zur Welt, das ergibt für den 7. Monat insgesamt 13 Paare. Nun ist es einfach: Um die Paaranzahl eines (Folge-) Monats zu bestimmen, muss man nur die Anzahlen des vorhergehenden und des vor-vorhergehenden Monats addieren. Dies kann man nun ganz einfach und völlig losgelöst von den Kaninchenpaaren machen, so dass man die folgende Zahlenfolge erhält: 1, 1, 2, 3, 5, 8, 13, 21, 34, 55, 89, 144, 233, 377, 670, …

Die Bildung einer Zahlenfolge, in der jede weitere Zahl durch Addition ihrer beiden Vorgänger entsteht, hat die Menschen wohl schon viel früher in ihren Bann gezogen, so gibt es entsprechende Quellen, die aus Indien stammen und aus der Zeit 200 v. Chr. datieren. In der westlichen Welt hat wohl erstmals Leonardo da Pisa in seinem „Liber abbaci" (Buch der Rechenkunst) mit der geschilderten „Kaninchenaufgabe" auf diese Folge hingewiesen. Leonardo war der Sohn des Bonacius („figlio di Bonaccio"), er ist heute daher unter dem Namen „Fibonacci" bekannt und die von ihm dargestellte Zahlenfolge trägt den Namen „Fibonacci-Folge".

40. Mathematik in der Botanik

Fibonacci (etwa 1180 – 1241) gilt als bedeutendster Mathematiker des Mittelalters. Seine nach ihm benannte Zahlenfolge 1, 1, 2, 3, 5, 8, 13, 21… , bei der jedes Folgeglied aus der Summe der beiden vorhergehenden Glieder entsteht, erwähnte er in seinem Rechenbuch jedoch nur ein einziges Mal im Zusammenhang mit der „Kaninchenaufgabe". Dabei enthält diese Folge sehr viele interessante mathematische Eigenschaften. Addiert man beispielsweise die ersten zwei Fibonaccizahlen, so ist deren Summe um 1 kleiner als die vierte Zahl. Addiert man die ersten drei Zahlen, so ist deren Summe um 1 kleiner als die 5. Zahl. Allgemein formuliert: Addiert man die ersten n Zahlen, so ist deren Summe immer um 1 kleiner als die (n+2)-te Zahl. Wandert man mit offenen Augen durch die Natur, so findet man viele weitere und besonders staunenswerte „Anwendungen“ dieser Zahlen.

Vielleicht stehen gerade einige Sonnenblumen auf den Feldern, deren Blütenstände voll ausgebildet sind. Betrachtet man die Anordnung der Kerne in den Blütenständen, so kann man zwei Spiralen entdecken, eine rechts-, die andere linksläufig. Nun mache man sich mit etwas Geduld ans Werk und zähle die Anzahl der rechtsläufigen und danach die Anzahl der linksläufigen Spiralarme. Deutlich einfacher gelingt das Zählen bei einer Ananas und bei Zapfen von Nadelbäumen. Hier lässt sich ebenfalls ein spiraliger Verlauf der „Schuppen“ erkennen. Auch diese rechts- und linkslaufenden Spiralarme lassen sich mit überraschendem Ergebnis zählen. In 95% aller Fälle wird man als Anzahlen der Spiralen zwei aufeinander folgende Fibonaccizahlen feststellen: Beispielsweise besitzen große Sonnenblumen 34 rechts- und 55 linksdrehende Spiralen, kleinere Arten haben 34 und 21 Spiralen und eine Ananas hat meist 8 und 13 Spiralen.

Diese spiralige Anordnung kann man auch bei den Blättern mancher Pflanzen beobachten. So stehen beispielsweise die Blätter der Sonnenblume wechselständig auf verschiedenen Höhen. Dabei ist von unten nach oben jedes Blatt um einen festen Winkel gegenüber dem vorhergehenden Blatt gedreht. Dieser Winkel kann als Bruchteil eines Vollwinkels angegeben werden, dieser ist für verschiedene Pflanzen unterschiedlich. Auftretende Bruchteile sind 1/2, 1/3, 2/5, 3/8, 5/13, 8/21, 13/34 und 21/55. Es fällt auf, dass Zähler und Nenner dieser Brüche allesamt Fibonaccizahlen sind. Während bei Winkeln von 1/2*360°=180° und 1/3*360°=120° jedes zweite bzw. dritte Blatt genau übereinander und dadurch im Schatten steht, ist dies bei 21/55*360°=137,5°

nicht mehr der Fall. Der zur Verfügung stehende Raum wird hier bezüglich der Lichtausbeute sehr viel besser ausgenutzt. Eine optimale Raumausnutzung ist auch der Grund für die oben genannte spiralige Anordnung im Blütenstand der Sonnenblume und bei den Fruchtspelzen bzw. Schuppen von Ananas und Zapfen.

41. Fibonacci und die Folgen

Über Geschmack lässt sich bekanntlich gut streiten. Es gibt aber Proportionen, die von den meisten Menschen als besonders ästhetisch und harmonisch empfunden werden. Das „Alte Rathaus" in Leipzig beispielsweise – eines der bedeutendsten Renaissancebauwerke auf deutschem Boden – bricht durch die außermittige Platzierung des Turms mit der damals üblichen symmetrischen Gestaltung, wirkt aber mit dieser Aufteilung seiner Vorderfront trotzdem wohlproportioniert. Dies liegt daran, dass seine Frontfassade vom Turm genau im Verhältnis des „goldenen Schnittes" geteilt wird. Dieser „goldene Schnitt" spielt bereits seit der Antike eine wichtige Rolle in der Architektur und in der bildenden Kunst, außerdem findet er sich vielfältig in der Natur wieder.

Es handelt sich dabei um das Verhältnis zweier Zahlen. Wird beispielsweise eine Strecke in die beiden Abschnitte a und b geteilt und ist das Verhältnis der großen Teilstrecke a zur kleinen Teilstrecke b dasselbe Verhältnis wie zwischen der Gesamtstrecke (a+b) zur großen Teilstrecke a, so ist die Strecke im Verhältnis des „goldenen Schnittes“ geteilt.

Das meist mit dem griechischen Buchstaben „Phi“ (Φ) bezeichnete Verhältnis kann damit aus der Gleichung $\frac{a}{b} = \frac{(a+b)}{a}$ mit Hilfe der „Mitternachtsformel“ bestimmt werden. Als Ergebnis erhält man die irrationale Zahl 1,618… Dies bedeutet, dass die große Strecke das 1,618-fache der kleinen Strecke ist und umgekehrt die kleine Strecke knapp 62% der großen Strecke ausmacht.

Dieses Verhältnis findet sich nun nicht nur in vielen Bauwerken und Gemälden, sondern auch in der Natur wieder. Setzen Sie doch mal bei sich und ihren Freunden die Körpergröße ins Verhältnis zur Höhe des Bauchnabels über dem Boden. Oder messen Sie die Länge des Unterarms von der Fingerspitze bis zum Ellenbogen und setzen Sie diese Länge ins Verhältnis zur Distanz zwischen Handgelenk und Ellenbogen. Zwar gilt hier: „Nobody is perfect“, aber interessant sind diese Ergebnisse allemal.

Es ist hier leider nicht annähernd Platz für die Darstellung all der interessanten Phänomene im Zusammenhang mit dem „goldenen Schnitt“.

Was aber haben die Fibonacci-Zahlen 1, 1, 2, 3, 5, 8, 13, 21, 34, 55, 89, 144, 233, 377, 670, … mit dem „goldenen Schnitt“ zu tun? Nun, dividieren Sie einfach eine Fibonacci-Zahl durch ihren Vorgänger in der Folge. Beginnen Sie dabei bei den kleinen Zahlen und rücken Sie dann immer weiter zu den größeren Zahlen vor …

42. Spieglein, Spieglein an der Wand

Genießen Sie gerade Ihren Frühstückskaffee und die Lektüre der Tageszeitung nach einer ausgiebigen Morgentoilette? Dann waren Sie eben – wahrscheinlich ohne sich dies bewusst zu machen – mit einem populären Irrtum konfrontiert. Aber auch all diejenigen, die den Samstagmorgen etwas gemütlicher ohne vorherigen Gang ins Bad angehen ließen und noch keinen Blick in den Spiegel riskiert haben, kennen die Problematik des eigenen Spiegelbildes, bei dem rechts und links vertauscht sind. Aber: Wenn der Spiegel die Seiten vertauscht, warum stehen wir dann morgens beim Schminken oder Rasieren nicht kopfüber im Spiegel? Wie kann denn der Spiegel rechts und links von oben und unten unterscheiden? Die ebenso einfache wie verblüffende Antwort auf diese Frage(n) lautet: Der Spiegel vertauscht überhaupt nicht rechts und links, wir bilden uns das nur ein!

Diese kühne Behauptung bedarf sicher einer näheren Erläuterung. Dazu stellen Sie sich in Gedanken oder auch tatsächlich so hin, dass Sie genau nach Süden schauen. Rechts von Ihnen ist dann Westen und links von Ihnen Osten. Nun kommt der Spiegel ins Spiel, den wir genau vor uns aufstellen. Heben wir den rechten Arm und zeigen nach rechts, dann zeigen wir nach Westen. Unser Spiegelbild zeigt ebenfalls nach Westen und damit nach rechts. Unser linker Arm weist nach Osten, unser Spiegelbild tut dies ebenso. Recken wir unsere Arme über den Kopf und zeigen nach oben gen Himmel, so tut uns dies unser Spiegelbild gleich – ebenso wenn wir nach unten auf den Boden weisen.

Woher kommt aber die Illusion, dass der Spiegel die Seiten vertauscht? Im Spiegel sehen wir unseren „virtuellen Zwilling", der uns genau gegenübersteht und uns anblickt. Um von unserem tatsächlichen Standort zum Standort und zur Blickrichtung unseres Spiegel-Zwillings zu kommen, müssten wir „durch den Spiegel gehen" und uns um 180° drehen. Immer, wenn ein Mensch uns frontal gegenübersteht, hat sich dieser – bezogen auf unsere Blickrichtung – um 180° gedreht. Bei einer solchen Drehung um 180° vertauschen sich aber tatsächlich die Seiten. Bezogen auf unser obiges Beispiel blicken wir nun nach Norden, unser rechter Arm weist nach Osten und der linke nach Westen. Diese Tatsache ist uns so vertraut, dass unser Gehirn genau diese Drehung bei allen Objekten, die uns anblicken, von vorne herein als gegeben voraussetzt – beim Blick in den Spiegel allerdings zu unrecht.

Was aber „macht" nun der Spiegel? Zeigen wir vor dem Spiegel stehend nach vorne von uns weg – beispielsweise nach Süden – so zeigt unser Spiegelbild „nach hinten" und nach Norden. Bewegen wir uns nach vorne auf den Spiegel zu, so kommt uns unser Spiegelbild entgegen. Der Spiegel „vertauscht" also tatsächlich, aber nicht rechts und links, sondern vorn und hinten. Der Spiegel zeigt uns genau so, als könnten wir von hinten durch uns hindurch auf unsere Vorderseite blicken. Sie staunen ungläubig? Nehmen Sie ein durchsichtiges Pergamentpapier oder eine Folie, schreiben Sie in großen Lettern „MATHEMATIK“ darauf und wenden das Papier oder die Folie dem Spiegel zu. Was sehen Sie im Spiegel? Genau dasselbe, wie wenn Sie von hinten durch Ihr Papier oder die Folie hindurch auf das Geschriebene blicken!

43. Mathematik der Verkehrszeichen

Über einen Mangel an Verkehrszeichen kann man sich in Deutschland wahrlich nicht beklagen. Unlängst kam ja mit dem „Umweltzonenschild“ sogar wieder ein Neues hinzu. Haben Sie sich aber schon mal überlegt, warum unsere Verkehrszeichen gerade ihre typischen Formen haben? Warum gibt es im Wesentlichen nur runde, viereckige und dreieckige Verkehrszeichen? Das hat insbesondere damit zu tun, dass in diese Vielzahl von Schildern eine gewisse „Ordnung“ gebracht werden muss: Alle dreieckigen Schilder mit der Spitze nach oben sind „Gefahrzeichen“ und alle runden Zeichen sind „Vorschriftzeichen“. Man kann somit – beispielsweise bei einem verschneiten Schild – aus der Form bereits auf dessen Aussage schließen. Besonders wichtige Schilder (Vorfahrt, Vorfahrt achten und STOP) haben gar eine eigene Form. Diese klare Einteilung der Schilder in Formen entsprechend ihrer Bedeutungen strukturiert somit den üppigen Schilderwald und erleichtert uns das Zurechtfinden in ihm. Ordnen, Klassifizieren und Strukturieren sind aber die ureigensten Anliegen der Mathematik.

Darüber hinaus verwenden die Schilderbauer die grundlegenden geometrischen Formen Kreis, Dreieck und Viereck. Für Grundschulkinder hat der deutsche Schilderwald den angenehmen Vorteil, dass sie bei der Einschulung diese geometrischen Formen bereits kennen und meist auch benennen können. Die Lehrer/innen haben dann allerdings damit zu kämpfen, dass von den Kindern zunächst nur diese speziellen Formen als Dreiecke und Vierecke akzeptiert werden. Was ist denn aber das Spezielle an den im Schilderwald verwendeten Formen? Es handelt sich um höchst regelmäßige Formen, die verwendeten Dreiecke sind beispielsweise gleichseitig, die Vierecke Rechtecke oder im Fall des Vorfahrtszeichens gar ein Quadrat. Kindern fällt es ungemein schwer, beliebige „schiefe" Dreiecke und Vierecke den entsprechenden Oberbegriffen zuzuordnen. Aber auch uns Erwachsenen „gefallen" diese regelmäßigen Formen besser, wir finden sie „klarer" und ästhetischer. Insbesondere Rechtecke finden wir in immenser Anzahl in unserer Umwelt und der „rechte Winkel" hat seinen Namen nicht von ungefähr. Das „Gefallen" hat seinen Grund aber auch in der Symmetrie dieser Formen.

Das quadratische Vorfahrtsschild kann praktisch mit jeder Ecke nach unten um 90° gedreht aufgehängt werden, ohne dass dies einem Betrachter auffallen würde. Das „Vorfahrt-achten-Dreieck" kann man jeweils um 120° drehen, ohne dass dies auffällt. Ein dreieckiges „Achtung-Schild" kann man ebenfalls um 120° drehen. Man würde dann zwar am aufgemalten Symbol sehen, dass der Schilderbauer beim Aufhängen nicht aufgepasst hat, für die äußere Form wär's aber egal. Man sagt, dass Quadrate um 90° drehsymmetrisch sind, gleichseitige Dreiecke haben eine Drehsymmetrie von 120°.

Die größte Drehsymmetrie hat naturgemäß der Kreis. Das runde „Einfahrt-verboten-Schild“ kann um jeden beliebigen Winkel verdreht aufgehängt werden, ohne dass dies bemerkt wird. Ein Kreis ist damit drehsymmetrisch um jeden beliebigen Winkel.

Die Symmetrie ist ebenfalls ein Grund für die Verwendung dieser regelmäßigen Formen für Verkehrszeichen, denn man hat herausgefunden, dass sich Menschen symmetrische Zeichen und Symbole besser merken können.

44. Symmetrie

Der Begriff Symmetrie stammt aus dem griechischen und bedeutet „Ebenmaß“. Symmetrische Formen wirken „gefällig“ und „stimmig“. Diese unscharfen Beschreibungen definieren den Begriff jedoch nicht exakt genug, so dass wir ihn im Folgenden noch etwas schärfer fassen. Die bei Verkehrszeichen verwendeten gleichseitigen Dreiecke sind drehsymmetrisch um 120°. Man kann beispielsweise ein „Vorfahrt-achten-Schild“ um 120° oder 240° gedreht an seinem Pfosten befestigen, ohne dass dies jemandem auffallen würde. Ein Quadrat kann man um seinen Mittelpunkt um 90°, 180° und 270° drehen, ohne dass man eine Veränderung in dessen Lage feststellen kann. Wird ein Objekt durch

Drehungen um bestimmte Winkel „auf sich selbst“ (d.h. auf seine ursprüngliche Lage) abgebildet, so ist dieses Objekt drehsymmetrisch.

Objekte lassen sich jedoch nicht nur durch Drehen auf sich selbst abbilden, sondern auch durch Spiegeln. Fassen wir beispielsweise ein Quadrat an gegenüberliegenden Ecken an und legen es „auf den Bauch“, bzw. exakter ausgedrückt: wenden es um 180°, so ist bei sorgfältigem Vorgehen ebenfalls keine Änderung feststellbar. Das Quadrat ist spiegelsymmetrisch bezüglich seiner Diagonalen. Um dies festzustellen, muss man das Quadrat nicht einmal wenden, es reicht aus, einen ebenen Spiegel genau senkrecht auf diese Diagonale zu stellen. Dann liegt zwar das halbe Quadrat „hinter“ dem Spiegel, man kann beim Blick in den Spiegel aber trotzdem das gesamte Quadrat erkennen.

Das Quadrat ist nicht nur spiegelsymmetrisch bezüglich seiner Diagonalen. Stellt man den Spiegel genau senkrecht zu den Seitenkanten und genau in die Mitte zweier gegenüberliegender Kanten, so kann man ebenfalls das gesamte Quadrat erkennen. Die Seitenhalbierenden sind somit ebenfalls Symmetrielinien, so dass ein Quadrat insgesamt 4 Symmetrieachsen hat. Welche Symmetrieachsen hat denn das als „Vorfahrt-achten-Schild“ verwendete gleichseitige Dreieck? Hier muss man den Spiegel so stellen, dass er auf der Verbindungslinie von einer Ecke zur gegenüberliegenden Seitenmitte steht. Diese drei Seitenhalbierenden sind die Symmetrielinien gleichseitiger Dreiecke.

Mit derart geschärftem Blick fällt es nicht schwer, Symmetrien in unserer Umwelt zu entdecken. Bei räumlichen Objekten redet man nicht mehr von einer Symmetrieachse, sondern von einer Symmetrieebene. Man muss lange suchen, um im Bereich der Lebewesen Vertreter zu finden, die nicht symmetrisch sind. Der Mensch ahmt die Natur nach, baut mit Vorliebe hochsymmetrische Schlösser und konstruiert symmetrische technische Gegenstände. Dabei hat die Symmetrie nicht nur etwas mit dem Wohlgefallen zu tun, sie wird ja meist auch für das simple Funktionieren benötigt. Oder können Sie sich vorstellen, wie sich ein Flugzeug mit nur einem Flügel heil in die Luft erheben soll?

45. Mathe mit der Zeitung

Wissen Sie, was ein Quadrat ist? Klar – aber erklären Sie doch einmal exakt, deutlich und zweifelsfrei (der Mathematiker sagt: „definieren"), was denn genau ein Quadrat ist. Oder fragen Sie mal in Ihrem Bekanntenkreis nach der Definition eines Quadrats. Meist dauert es eine geraume Zeit, bis alle Eigenschaften genannt sind: Es ist ein Viereck, bei dem alle 4 Seiten gleich lang sind und dessen Seitenkanten jeweils rechte Winkel bilden. Geht's auch kürzer? Natürlich: Ein Quadrat ist ein Viereck mit 4 Spiegelachsen! Zugegeben, wenn man ein Quadrat mit Bleistift und Geodreieck zeichnen soll, ist die erste Definition vorzuziehen. Aber die Mathematik griffe (wie jede andere Wissenschaft) zu kurz, wenn sie sich mit der ersten besten(?) Lösung zufrieden gäbe.

Für die zweite Definition gibt es zudem eine interessante und ungemein reichhaltige Anwendung: Versuchen Sie doch mal, ein Quadrat allein durch Falten von Papier herzustellen! Dabei ist nicht die triviale Lösung gemeint, aus einem genau rechtwinklig beschnittenen Blatt ein Quadrat anzufertigen. Nehmen Sie vielmehr (natürlich nach der Lektüre) eine Seite Ihrer Tageszeitung und reißen Sie zunächst von allen geraden Kanten Steifen ab, so dass ein völlig unregelmäßig geformtes Blatt vor Ihnen liegt.

Von den 4 Symmetrielinien des Quadrats wissen wir, dass je 2 senkrecht aufeinander stehen und diese Paare senkrechter Geraden um den gemeinsamen Mittelpunkt um 45° zueinander gedreht sind. Senkrechte Geraden lassen sich aber sehr einfach erzeugen: Man faltet einmal und dann beim zweiten Mal so, dass die Faltkanten exakt aufeinander liegen. Durch Auffalten können Sie sich überzeugen, dass die Knicklinien tatsächlich senkrecht aufeinander stehen. Nun fehlt noch das zweite Senkrechtenpaar, das zum ersten um 45° gedreht sein muss. Dazu muss man nach den ersten beiden Faltungen nur noch eine dritte ausführen und durch Aufeinanderfalten der beiden Falzkanten einen 45° Winkel bilden. Wer jetzt wieder auffaltet erkennt staunend(?), dass diese einzige Faltung zwei weitere senkrecht aufeinander stehende Linien geschaffen hat. Damit haben wir die benötigten 4 Symmetrielinien in der vorgeschriebenen Lage erzeugt, nun fehlen nur noch die Seitenkanten. Wir falten wieder zu unserem 45° Winkel zurück und klappen dessen Spitze so um, dass die letzte Faltkante auf sich selbst zu liegen kommt. Nach dem Aufklappen liegt das Quadrat mitsamt seinen Symmetrieachsen vor Ihnen.

Derart geschult und motiviert fällt es sicher nicht schwer, auch andere symmetrische Vierecke (Rechtecke, Rauten, Drachen, symmetrische Trapeze) zu falten. Die Zeitung ist sicher dick genug und bietet ausreichend Übungsmaterial.

46. Falten als Wissenschaft

Vielleicht haben Sie nach den Anregungen zum Falten symmetrischer Vierecke schon versucht, ein gleichseitiges Dreieck zu falten und sind damit – so Sie nicht irgendwo „gespickt“ haben – bisher wahrscheinlich gescheitert. Diese Aufgabe ist deshalb sehr viel schwerer, weil die Symmetrielinien des gleichseitigen Dreiecks keinen rechten Winkel bilden wie diejenigen der Vierecke, sondern einen Winkel von 120° einschließen. Einen 90°-Winkel kann man einfach durch Halbieren eines 180°-Winkels bilden. Für einen 120°-Winkel muss man den gestreckten Winkel im Verhältnis 1:2 unterteilen, also dritteln.

Um ein gleichseitiges Dreieck zu falten, benötigt man einen (breiten) Parallelenstreifen mit senkrechter Grundlinie (man kann auch gleich von einem Rechteck ausgehen …). Dieser Parallelenstreifen wird halbiert und dann eine Ecke des Rechtecks exakt so auf die Mittelparallele gefaltet, dass die Faltkante durch die andere Ecke verläuft. Damit hat man 30°- und 60°-Winkel gefaltet, die Vollendung zum gleichseitigen Dreieck ist nun nicht mehr schwierig:

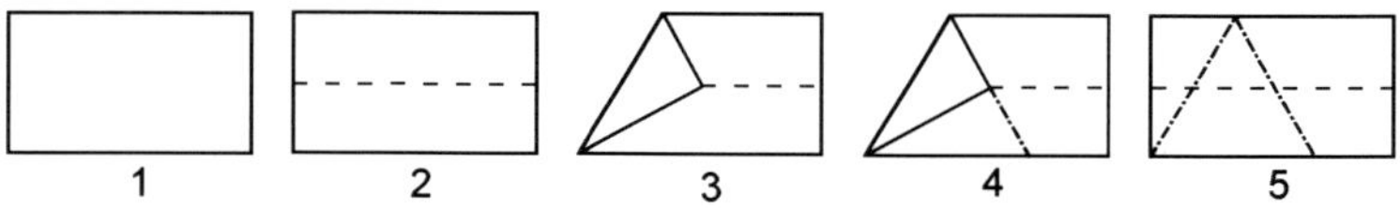

Die Dreiteilung eines 90°-Winkels – und damit auch eines 180°-Winkels – ist wohl auch mit Zirkel und Lineal möglich, nicht jedoch die Dreiteilung eines allgemeinen Winkels. An diesem Problem bissen sich schon die alten Griechen vergeblich die Zähne aus, genau wie an dem „Delischen Problem“ der Würfelverdoppelung. Interessanterweise lässt sich aber jeder beliebige Winkel durch Falten dritteln und auch das Problem der Würfelverdoppelung gelingt durch Falten. Falten ist also mehr als nur Zeitvertreib und Kinderkram, es ist hochkarätige Mathematik. In der Technik geht es beispielsweise darum, wie eine Airbaghülle in ein möglichst kleines Behältnis gepackt werden kann oder wie riesige Parabolspiegel Platz sparend ins All geschossen werden können. Das renommierte Massachusetts Institute of Technology (MIT) hat 2002 eine Professur für „Falttechnik“ geschaffen. Der Stelleninhaber Erik Demaine beschäftigt sich u. a. mit der Entschlüsselung von Proteinstrukturen, da diese nichts anderes sind als komplex gefaltete Molekülstränge.

47. Durch Falten auf den Mond

Lassen Sie uns noch ein wenig weiter über das Falten nachdenken. Papierfalten ist – so viel sollte aus den vorausgegangenen Kapiteln und Ihren daraus resultierenden Versuchen schon klar geworden sein – nicht nur eine sinnvolle Beschäftigung für Kinder zur Entwicklung ihrer motorischen Fertigkeiten und ihres räumlichen Vorstellungsvermögens, es enthält vielmehr auch sehr viele direkte und indirekte Bezüge zur Mathematik.

Erinnern Sie sich noch, dass zum Falten eines Quadrats vier aufeinander folgende Faltvorgänge notwendig sind? So man diesen Vorgang tatsächlich durchführt, „spürt" man förmlich, wie das Falten immer schwerer wird, da der Papierstapel immer höher und das Erzeugen einer sauberen Faltkante immer schwieriger wird. Mit jedem weiteren Faltvorgang verdoppelt sich die Anzahl der übereinanderliegenden Papierschichten und das so dünne Papier bekommt im Stapel recht schnell eine spürbare Dicke. Eine Tageszeitung ist gewöhnlich auf sehr dünnes Papier gedruckt, ein Blatt ist etwa 0,063 mm, also gut 6 Hundertstel Millimeter dick. Trotzdem hat man nach viermaligem Falten und 16 Lagen Papier bereits eine Dicke von einem Millimeter erreicht. Faltet man ein fünftes Mal, so wird der Stapel zwei Millimeter stark. Wirklich „gefaltet" werden dabei nur noch die innenliegenden Blätter, außen wird nur noch „gebogen", und zwar mit einem Radius von einem Millimeter. Nach sechs- oder siebenmaligem Falten ist in der Realität eine Grenze erreicht, wo praktisch nicht mehr gefaltet werden kann, weil der inzwischen erzeugte Papierstapel zu dick und damit zu unhandlich geworden ist.

Die Vorstellung dessen, was beim Falten vor sich geht, ist uns aber inzwischen so geläufig, dass wir „in Gedanken" weiterfalten können. Jeder weitere (theoretische) Faltvorgang verdoppelt die Dicke unseres Papierstapels und schon der 43. Faltvorgang erzeugt einen Papierstapel, der weit über die Entfernung Erde – Mond hinausreicht! Die mittlere Entfernung zum Mond beträgt etwa 384.400 km, nach 43-mal Falten ist unser Stapel aber bereits

556.200 km dick. Da kommt man schon ins Staunen – es geht aber noch weiter:

Wir gehen bei unserem Gedankenexperiment davon aus, dass beim Falten die Fläche unseres Stapels jeweils halbiert wurde. Außerdem möchten wir auf unserem bis über den Mond hinausreichenden Stapel am Ende noch bequem sitzen können; seine Kantenlänge soll mit 40 cm · 40 cm etwa derjenigen eines Stuhls entsprechen. Dann hätten wir mit einem Blatt beginnen müssen, das eine Kantenlänge von rund 3,5 Milliarden km aufweist. Obwohl das Papier einer Tageszeitung gewöhnlich nur etwa 50 Gramm pro Quadratmeter wiegt, würde ein Papier dieser Größe etwa 618.970.019.642.690.000.000 Tonnen wiegen, das sind knapp 619 Trillionen Tonnen. Wenn Ihnen nun ob dieser Zahlen etwas schwindlig geworden ist, dann falten Sie die Zeitung einfach zu. Einmal genügt …

48. Aller Weizen dieser Erde …

… würde nicht ausreichen, um den bescheiden klingenden Wunsch des Erfinders des Schachspiels zu erfüllen. Dieser hatte sich der Legende nach von seinem König für die Erfindung des Schachspiels einige Weizenkörner erbeten. Und zwar sollte auf dem ersten Feld des Schachbretts ein Korn liegen, auf dem zweiten Feld zwei Körner, auf dem dritten Feld vier Körner und so weiter, auf jedem folgenden Feld die doppelte Menge des vorhergehenden Feldes. Der König war über diesen „bescheidenen" Wunsch zunächst entrüstet und erbost, musste sich jedoch bald vorrechnen lassen, dass die Getreideproduktion der gesamten Welt nicht ausreichen würde, um diese Forderung zu erfüllen. Nötig wären nämlich 18.446.744.073.709.551.515 Getreidekörner mit einem Gesamtgewicht von über 922 Mrd. Tonnen. Aktuell werden weltweit etwa 600 Mio. Tonnen pro Jahr produziert, man benötigte also über 1500 Jahreserträge auf heutigem Stand, um die gewünschte Menge aufzubringen!

Genau wie bei unseren Überlegungen zum Falten von Papier in der vergangenen Folge stoßen wir wieder recht schnell zu riesigen Zahlen vor. In beiden Fällen handelt es sich auch um exakt dieselbe Struktur, nämlich das fortwährende Verdoppeln. Die Folge 1, 2, 4, 8, 16, 32, … enthält die Potenzen der Zahl 2, jede weitere Zahl ist um denselben Faktor 2 größer als die vorhergehende. Eine Zahlenfolge, bei der jede Zahl mit einem konstanten Faktor multipliziert wird, um die nachfolgende zu erhalten, nennt man eine „geometrische Folge“. Im Gegensatz dazu handelt es sich bei den 1·1-Reihen um „arithmetische Folgen“, da hier zu jeder Zahl ein konstanter Summand addiert wird, um den Nachfolger zu erhalten. Natürlich werden auch die Zahlen einer 1·1-Reihe immer größer, aber dieses Anwachsen geschieht linear – es kommt immer „gleich viel dazu“. Diesem linearen Denken scheinen wir eher verhaftet zu sein, sonst wären wir von den Entwicklungen beim Falten und auf dem Schachbrett nicht immer wieder verblüfft. Dabei muss es nicht der Faktor 2 sein, auch kleinere Faktoren führen bei geometrischen Reihen zu erstaunlichen Ergebnissen.

Das bekannteste Beispiel hierfür ist die Entwicklung eines Guthabens bei konstanter Verzinsung: Legt man heute einen einzigen Cent auf die Bank und vereinbart einen Zins von 5%, so wächst dieses „Kapital“ von Jahr zu Jahr um den Faktor 1,05. Natürlich brauchen wir und unsere Kinder sowie Enkel noch keine Gedanken an die Erbschaftssteuer zu verschwenden. In 200 Jahren ist das Guthaben erst auf 172,93 € angewachsen. In 300 Jahren sind es allerdings schon 22.740 € und in 1.000 Jahren könnten sich unsere Nachkommen um rund 15.463.189.207.319.900.000 € streiten. Das Kapital muss zur Berechnung so oft mit 1,05 multipliziert werden, wie es der Anzahl der Jahre entspricht. Nun drückt niemand auf seinem Taschenrechner 1000 mal dieselbe Tastenfolge, man rechnet vielmehr 0,01·1,05 hoch 1000. Weil die Anzahl der Jahre die einzige Variable dieser Berechnung ist und diese als Hochzahl – als „Exponent“ – auftritt, spricht man bei geometrischen Folgen auch von einem „exponentiellen Zusammenhang“. Ein Kennzeichen exponentiellen Wachstums ist, dass – etwas volkstümlich ausgedrückt – lange Zeit kaum etwas passiert und dann plötzlich „die Post abgeht“.

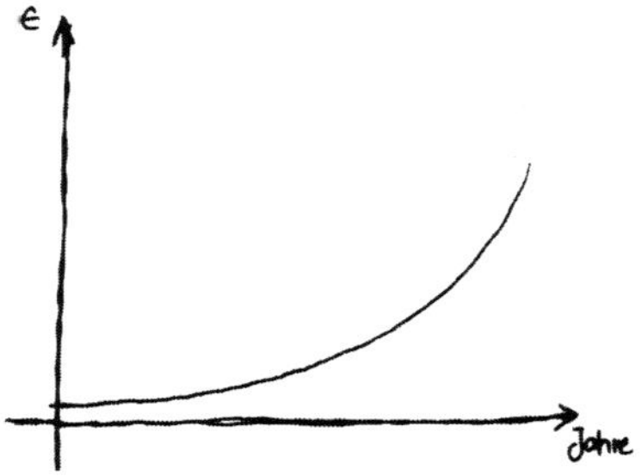

49. Warum die Wettervorhersage immer daneben liegt

Natürlich soll an dieser Stelle nicht über das Wetter geschimpft oder gar die Ehrbarkeit der Meteorologen angezweifelt werden. In der Tat liegen die Meteorologen mit ihren Vorhersagen für den nächsten Tag meist ganz gut. Vorhersagen zur Wetterentwicklung über zwei, drei oder gar noch mehr Tage sind jedoch „Kaffeesatzleserei“ und das eben prinzipbedingt, da lässt sich leider nichts dran ändern.

Meteorologen versuchen, das Wettergeschehen mit Hilfe mathematischer Modelle „in den Griff“ zu bekommen. Dazu messen sie an möglichst vielen Punkten der Erdoberfläche die relevanten Parameter wie Temperatur, Luftdruck, Feuchtigkeit und füttern mit diesen Werten ihre Computer, die dann versuchen, daraus Temperatur, Druck und Feuchte späterer Zeitpunkte zu bestimmen. Nun werden zum einen bei der Messung der Wetterparameter immer kleinste Fehler auftreten. Zum anderen muss auch der leistungsfähigste Computer bei den umfangreichen Berechnungen zwangsweise runden, da sich irrationale Zahlen wie beispielsweise Wurzel 2 nicht exakt als Ziffernfolge darstellen lassen.

Bereits in den 60er Jahren des vorigen Jahrhunderts entdeckte der amerikanische Meteorologe Edward Lorenz bei seinen ersten

Versuchen zur rechnergestützten Wettervorhersage, dass die winzigsten Änderungen der Ausgangsparameter zu völlig anderen (Wetter-)Ergebnissen führten. Diesen Effekt hat er „Schmetterlingseffekt“ genannt, weil – wie er es anschaulich formulierte – der Schlag eines Schmetterlings in China für die Auslösung eines Wirbelsturms in den USA entscheidend sein kann.

Mit einem einfachen Taschenrechner können Sie diesen Schmetterlingseffekt selbst erforschen. Die „Rechenvorschrift“ lautet: Man nehme eine Zahl, quadriere diese und subtrahiere vom Ergebnis die Zahl 1. Die erhaltene Zahl wird wiederum quadriert und 1 subtrahiert. Mit diesem Ergebnis verfährt man genau so u.s.w. Startet man mit 0,5, so braucht es nur ein paar Tastendrucke um festzustellen, dass die so erzeugte Zahlenfolge schließlich nur noch zwischen 0 und –1 hin- und herpendelt. Startet man mit der Anfangszahl 2, so dauert es ebenfalls nicht lange, bis die erzeugten Zahlen zu groß werden und den Anzeigebereich des Rechners sprengen. Versuchen Sie andere Startzahlen, so werden Sie feststellen, dass je nach gewählter Startzahl die Folgenglieder entweder bald zwischen 0 und –1 springen oder aber ins Unendliche wachsen. Wo aber genau liegt die Grenze zwischen diesen völlig unterschiedlichen Entwicklungen? Starten Sie einmal mit 1,618033 und ein weiteres Mal mit 1,618034. Diese Änderung um ein Millionstel führt zu einer jeweils ganz anderen Entwicklung. Mit etwas Muße können Sie diese Änderung der Ausgangszahl problemlos auf ein Milliardstel oder noch kleinere Differenzen herunterschrauben.

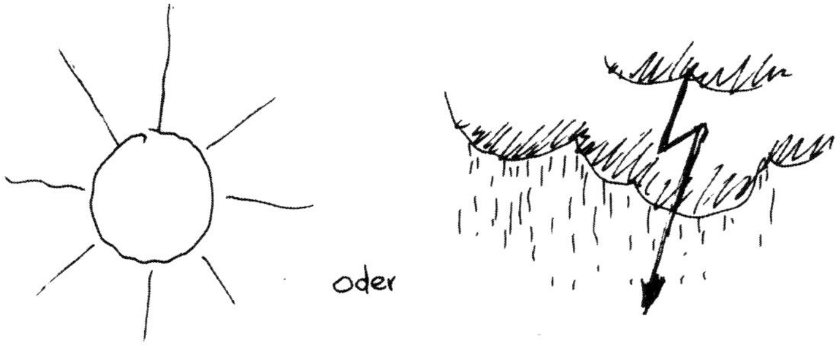

50. Mathe auf dem Erdbeerfeld

Sie haben an einem schönen Tag 100 kg Erdbeeren gepflückt. Frische Erdbeeren haben einen sehr hohen Wasseranteil. Wir nehmen an, der Wasseranteil betrage 99%. Nach der Ernte stehen die Früchte noch einige Zeit in der Sonne und im heißen Auto, wodurch sie auszutrocknen beginnen. Bis die Erdbeeren zuhause ankommen, hat sich deshalb deren Wassergehalt auf 98% verringert. Sie wiegen Ihre Ernte nach und trauen Ihren Augen bzw. Ihrer Waage nicht... Welches Gewicht zeigt nun die Waage an?

Wer diese Aufgabe mit Hilfe der „Prozentformel" lösen will, wird wahrscheinlich Schiffbruch erleiden – ein hilfreicher Hinweis auf die Tatsache, dass ein reines „Hantieren" mit Formeln reichlich wenig mit Mathematik zu tun hat. Weil aber deutsche Schüler im Mathematikunterricht verstärkt das Anwenden von Formeln und Algorithmen üben, haben sie im internationalen PISA-Vergleich nur mittelmäßig abgeschnitten. Viel wichtiger ist es, Beziehungen zwischen Größen und die darin verborgenen Strukturen herauszuarbeiten! In der gestellten Aufgabe ist die Rede vom Gewicht und vom Wassergehalt der Erdbeeren. Beide Größen ändern sich aber und entziehen sich damit einem einfachen rechnerischen Zugang. Wenn jedoch 99% der 100 kg frischen Erdbeeren aus Wasser bestehen, dann gibt es noch 1% Trockenmasse in den Früchten, was genau 1 kg entspricht. So sehr die Erdbeeren auch austrocknen mögen, dieses eine Kilogramm Trockenmasse bleibt erhalten. Hat sich der Wassergehalt auf 98% verringert, ist der Anteil der Trockenmasse auf 2% gestiegen. Wenn aber 2% der Erdbeeren aus 1 kg Trockenmasse bestehen, dann wiegen 100% der „getrockneten" Erdbeeren 50 kg!

51. Die 4-Chancen-Tournee

Zum 1. Januar 2007 wurde die Mehrwertsteuer von 16% auf 19% erhöht. Um wie viel Prozent stieg dabei der Mehrwertsteuersatz? Gefragt ist hier nicht nach der absoluten Erhöhung von „nur" 3%, mit der die Politiker damals gerne argumentierten, sondern nach der relativen Steigerung des Mehrwertsteuersatzes. Nun, 3% vom „Grundwert" 16% sind knapp ein Fünftel, genau eben 18,75%. Prozentrechnen lernt man ja schon in der Schule ausgiebig und fast jeder dürfte noch die Grundformel: „Prozentwert = Grundwert geteilt durch 100 mal Prozentsatz" im Kopf haben. Trotzdem hat das Prozentrechnen so seine Tücken. Wenn man als Mathematiker dazu seinen Standardwitz vom Stapel lässt: „5 von 10 können nicht Prozentrechnen, das sind immerhin 5%", dann lachen nie alle Zuhörer. Vielleicht hat das aktuelle Bankendesaster ja auch damit zu tun, dass manche Banker die Grundlagen des Prozentrechnens nicht mehr sicher beherrschen. Doch genug der Häme, Prozentrechnen kann durchaus kompliziert sein, wie bereits im vorigen Kapitel mit der Erdbeeraufgabe demonstriert wurde. Auch ganz alltägliche Aufgabenstellungen erschließen sich nicht immer sofort, hierzu noch zwei Beispiele:

Stellen Sie sich vor, Sie planen einen hochpreisigen Einkauf. Auf den ohnehin stolzen Nettopreis wird die Mehrwertsteuer von 19% aufgeschlagen. Um Sie zum Kauf zu überreden, gewährt Ihnen der Verkäufer allerdings 25% Rabatt. Soll nun zuerst auf den Nettopreis die Mehrwertsteuer aufgeschlagen und von diesem Preis der Rabatt abgezogen werden? Oder soll zunächst der Rabatt vom Nettopreis abgezogen und dann zu diesem reduzierten Preis die Mehrwertsteuer hinzugerechnet werden?

Bevor Sie zur Entscheidungsfindung Ihren Taschenrechner hervorkramen und mit der obigen Formel ein Beispiel durchrechnen, überlegen wir uns, dass der Nettopreis mit 1,19 multipliziert den Bruttopreis inklusive MwSt ergibt. Bei 25% Rabatt müssen wir nur noch 75% bezahlen, den Rabattpreis erhalten wir durch Multiplikation mit 0,75. Den Nettopreis müssen wir also mit 1,19 und mit 0,75 multiplizieren – und da 3·4 dasselbe ist wie 4·3 ist die Reihenfolge tatsächlich egal …

Zum Jahresbeginn lockt eine große Elektrokette regelmäßig zum Einkauf ohne Mehrwertsteuer und wirbt dafür mit dem Slogan: „Sparen Sie volle 19% vom Verkaufspreis!“ Rechnen wir auf einen Nettopreis von 100 € 19% Mehrwertsteuer hinzu, dann erhalten wir einen Verkaufspreis von 119 €. Berechnen wir von diesem Verkaufspreis 19% Rabatt, so sind das 22,61 €. Nach dem Werbeslogan müssten wir weniger als den Nettopreis bezahlen. Wir sparen somit keine 19%, sondern lediglich knapp 16%. Die Moral von der Geschicht'? Trau keiner Werbung nicht! Aber wenn ohnehin ein Einkauf ansteht, dann sind 16% Einsparung ja auch nicht zu verachten.

52. Pi mal Daumen

Die landläufige Redensart „Pi mal Daumen“ soll in der Regel ausdrücken, dass ein Ergebnis nicht exakt berechnet, sondern eher großzügig geschätzt wurde. Dies entspricht einerseits durchaus dem Wesen der mathematischen Konstante Pi, auf der anderen Seite tut man ihr damit Unrecht. Mit Pi bezeichnet man das Verhältnis vom Umfang eines kreisförmigen Gegenstandes zu dessen Durchmesser und es ist durchaus gängige Praxis, Schüler im Unterricht die verschiedensten kreisförmigen Gegenstände von der 1-Cent-Münze bis zum Kreisverkehr hinsichtlich deren Durchmesser und Umfang vermessen zu lassen. Dividiert man den Umfang durch den zugehörigen Durchmesser, so erhält man als Quotient immer einen Wert, der etwas größer als 3 ist. Der Umfang eines Kreises ist also etwas größer als das Dreifache seines Durchmessers. Und der Flächeninhalt eines Kreises ist ebenfalls etwas mehr als dreimal so groß wie sein Radiusquadrat. Diese Verhältniszahl wird nach dem Anfangsbuchstaben der griechischen Wörter *peripEereia* (Randbereich) bzw. *perimetros* (Durchmesser) seit Anfang des 18. Jahrhunderts mit Pi (π) bezeichnet. Bekannt ist diese Kreiszahl aber schon viel länger: Die alten Ägypter verwendeten rund 1700 Jahre vor Christi Geburt den Wert 3 1/6 als Kreiszahl, die Babylonier rechneten mit 3 1/8. Etwa 500 v. Chr. war die Wurzel aus 10 (etwa 3,162) in Indien in Gebrauch. Archimedes benutzte die Näherung 22/7, die bei Handwerkern bis zur Einführung des Taschenrechners rege Anwendung fand. Wer es etwas genauer haben wollte, gebrauchte den leicht zu merkenden Bruch 355/133. Heute hat jeder wissenschaftliche Taschenrechner eine „Pi-Taste", deren Drücken die Zahlenfolge 3,141592653… in die Anzeige holt; die Anzahl der dargestellten Ziffern hängt dabei von der jeweils vorhandenen Displaybreite ab. Vollständig darstellen kann man die Nachkommastellen von Pi nie und nimmer, da es sich bei der Kreiszahl um eine so genannte irrationale Zahl mit unendlich langer und nichtperiodischer Ziffernfolge handelt.

Mit Computerhilfe ist es inzwischen gelungen, rund 1,2 Billionen Stellen zu bestimmen! Dabei sind diese „Berechnungen" eher interessant, um die Leistungsfähigkeit von Computern und deren korrektes Arbeiten zu demonstrieren. Einen praktischen Nutzen hat diese „Genauigkeit" nicht: Um den Erdumfang auf einen Millimeter genau zu bestimmen, ist es ausreichend, die ersten zehn Nachkommastellen zu kennen und um die Länge der Umlaufbahn der Erde um die Sonne mit derselben Genauigkeit zu berechnen, genügen 15 Nachkommastellen. Einerseits lässt sich die Kreiszahl Pi also mit fast beliebiger Genauigkeit angeben, andererseits genügen für viele praktische Berechnungen schon ganz wenige Stellen oder grobe Näherungen – „Pi mal Daumen" eben!

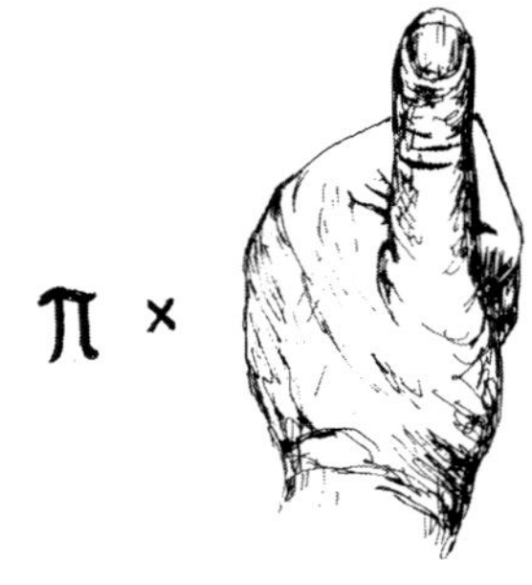

53. Das Band um die Erde

„Pi mal Daumen" sollen Sie auch die folgende Fragestellung abschätzen: Unsere Erde hat einen Umfang von etwa 40.000 km, der Erdradius – also der Abstand vom Erdmittelpunkt bis zur Erdoberfläche – beträgt damit bei einer als ideal kugelförmig angenommenen Gestalt nach der Formel

$$U = 2 \cdot \pi \cdot r$$

etwa 6366,2 km. Stellen wir uns vor, wir hätten ein Band stramm um den Äquator der Erde gelegt, dieses müsste dann ebenfalls 40.000 km lang sein. Nun verlängern wir dieses Band um genau 1 Meter auf 40.000,001 km. Es wird jetzt nicht mehr so eng an der Erdkugel anliegen, man kann es vielmehr etwas von der Erdoberfläche anheben. Straffen wir nun in Gedanken das Band durch gleichmäßiges Anheben rings um die Erde so, dass es überall denselben Abstand von der Oberfläche hat. Wie groß ist dann der Abstand des Bandes von der Erdoberfläche? Kann eine Maus unter dem Band durchschlüpfen?

Die oben genannte Umfangsformel liefert uns die Antwort, diese ist allerdings in zweifacher Hinsicht verblüffend: Vergrößert man den (Erd-)Umfang U eines Kreises um einen Meter, dann muss der (Erd-)Radius r ebenfalls um einen bestimmten Betrag x vergrößert werden. Diese Radiusvergrößerung x ist genau der gleichmäßige Abstand des Bandes von der Oberfläche. Unsere Umfangsformel heißt jetzt:

$$U + 1m = 2 \cdot \pi \cdot (r+x)$$

Die rechte Seite wird nach dem Distributivgesetz ausmultipliziert:

$$\mathbf{U} + 1m = \mathbf{2 \cdot \pi \cdot r} + 2 \cdot \pi \cdot x$$

Nun entspricht der Umfang U auf der linken Gleichungsseite genau dem Ausdruck $2 \cdot \pi \cdot r$ auf der rechten Seite und wenn wir auf beiden Seiten einer Gleichung dasselbe wegnehmen, dann ändert sich deren Lösung nicht, es gilt also auch:

$$1m = 2 \cdot \pi \cdot x$$

Nun ist die Bestimmung des Abstandes x einfach:

$$x = \frac{1m}{2 \cdot \pi}$$

Man erhält für x den unglaublich anmutenden Wert von 15,9 cm. Es kann also nicht nur eine Maus, sondern sicher auch die zugehörige Katze unter dem Band hindurchschlüpfen.

Die zweite Verblüffung folgt auf dem Fuß: Schaut man sich die Entwicklung der Gleichungen und insbesondere die resultierende Gleichung genau an, so wird unschwer deutlich, dass der gesuchte Abstand x nur von der „Verlängerung" des Bandes (in unserem Fall dem einen Meter) abhängt und überhaupt nicht mehr vom Erdradius oder dem Erdumfang! Sie können damit unser Gedankenexperiment problemlos mit einer Euromünze, einer Apfelsine, einem Bierdeckel, einem Autoreifen oder sonstigen kreisrunden Gegenständen in der Realität überprüfen: Legen Sie ein Band um den Umfang des Gegenstandes, machen Sie dieses um 1 Meter länger und legen das verlängerte Band wieder gleichmäßig um den Gegenstand. In allen Fällen und völlig unabhängig von der Größe des Gegenstandes wird sich zwischen Gegenstand und Band ein Abstand von knapp 16 cm einstellen.

54. Von Straßenlampen und Pendeln

Offensichtlich verschätzen wir uns bei manchen Dingen ganz gehörig – umso besser, wenn wir dann mit Hilfe der Mathematik unseren Irrtum korrigieren können. Deshalb gleich noch ein weiteres Beispiel, bei dem Sie sich problemlos und ohne Blamage verschätzen dürfen – einfach deshalb, weil es sicher den meisten Menschen so ergehen wird:

Zwischen zwei Häusern, die im Abstand von 20 m zueinander stehen, soll an einem Drahtseil genau in der Mitte eine Straßenlampe aufgehängt werden. Es erfordert bekanntlich einen großen Kraftaufwand, das Drahtseil stramm zu spannen und der Kraftaufwand wird immer größer, je mehr man das Seil schon gespannt hat. Es ist auch leicht nachweisbar, dass man selbst ein „leeres“ und leichtes Seil gar nie völlig waagerecht spannen kann. Das Seil für unsere Straßenlampe wird somit immer etwas länger sein, als es dem Abstand der beiden Hausmauern entspricht und somit samt der Lampe in der Mitte etwas durchhängen. Um wie viel hängt die Lampe gegenüber der horizontalen Verbindungslinie zwischen beiden Aufhängepunkten nach unten durch, wenn das Seil 10 cm zu lang ist? Bevor Sie rechnen: Schätzen Sie!

Sie werden sich sicherlich sagen, dass die 10 cm „Längenzugabe“ gegenüber dem großen Abstand von 20 m lächerlich gering sind und demzufolge der Durchhang der Lampe ebenfalls nur im Bereich von einigen wenigen Zentimetern liegen dürfte. Allerdings muss man dabei auch im wahrsten Sinne des Wortes „um die Ecke“ denken, da sich die Längenzugabe ja nicht in Richtung des gespannten Seils, sondern genau senkrecht dazu auswirkt und das genau ist es, was uns „stolpern“ lässt.

Eine verlässliche Antwort liefert – wie so oft – die Mathematik. Und zwar ist für die Lösungsfindung allein der in diesem Buch schon des öfteren zitierte Pythagoras ausreichend: Man berechne die Quadratwurzel aus $10{,}05^2 - 10^2$ mit dem Taschenrechner und staune: Der Durchhang der Lampe beträgt ziemlich genau einen ganzen Meter!

Falls Sie weniger staunen als zweifeln, eine vergleichbare (aber nicht dieselbe!) Aufgabenstellung lautet: Denken Sie sich ein schweres Gewicht an einem 10 m langen Seil als Pendel aufgehängt und zwar so, dass es in Ruhelage gerade den Boden berührt. Wie weit muss dieses Pendel aus seiner vertikalen Ruhelage auslenkt werden, bis das Gewicht genau 5 cm vom Boden abgehoben hat?

Nun wird vielleicht eher einleuchten, dass sich das Pendel aufgrund seiner großen Länge beim Auslenken anfänglich kaum wesentlich vom Boden entfernen wird. Wieder hilft der Pythagoras, man zieht jetzt die Quadratwurzel aus $10^2 - 9{,}95^2$. In der Tat muss man das Pendel ebenfalls wieder um etwa einen Meter aus seiner vertikalen Ruhelage auslenken, um dessen Spitze 5 cm vom Boden abzuheben.

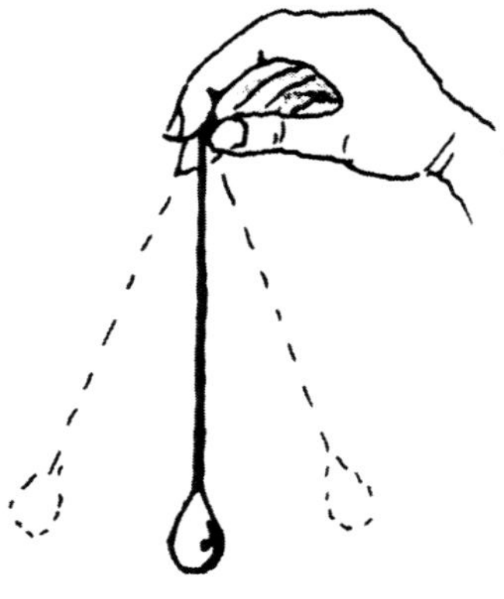

55. Kinderleichte Hochstapeleien

Erinnern Sie sich noch, wie Sie als Kind Bauklötze zu Türmen aufgeschichtet haben? Oder haben Sie kürzlich andere Kinder dabei beobachtet? Dann kennen Sie den Stolz der kleinen Baumeister, wenn der Turm immer höher wird. Und sicher auch deren Verzweiflung, wenn das Bauwerk doch einmal einstürzt. Manchmal ist ihre noch unausgereifte Motorik die Ursache für den Einsturz, oft liegt es aber daran, dass der Turm nicht senkrecht, sondern schräg nach oben gebaut wird. Die Grundlegeln der Statik müssen eben erst noch gelernt werden. Dabei ist doch klar, dass der oberste Stein des Turms nicht ganz über die Standfläche des untersten hinausragen darf. Oder?

Ist es vielleicht doch möglich, einen Turm so aus gleichartigen Bausteinen aufzuschichten, dass der oberste Stein vollständig über die unterste Aufstandsfläche hinausragt? Kann man die Konstruktion so weiterführen, dass der oberste Stein um zwei und noch mehr Längen übersteht? Seit rund 150 Jahren beschäftigt sich die Mathematik nicht nur mit diesem Problem, sondern hat hierfür auch tatsächlich Lösungen gefunden. Diese Lösungen können Sie mit Spielkarten, Dominosteinen oder ähnlichem quaderförmigem Material leicht nachbauen. Am einfachsten ist hierfür der sogenannte „harmonische Turm“ geeignet.

Beginnen wir mit einem Stein. Wie weit können wir diesen über die Tischkante hinausschieben, ohne dass er herabfällt? Mit einer ruhigen Hand gelingt es problemlos, diesen Stein um seine halbe Länge über die Kante auskragen zu lassen. Genau die Hälfte des Steins schwebt über dem Abgrund, die andere Hälfte ruht auf dem Tisch – damit ist er im Gleichgewicht. Jetzt legen wir einen weiteren Stein so darunter, dass der oberste Stein diesen um seine halbe Länge überragt und schieben die gesamte Konstruktion so weit über die Tischkante, dass der untere Stein auch noch um ein Viertel darüber hinausragt. Diese Konstruktion bleibt noch auf dem Tisch liegen, da drei Viertel des oberen und ein Viertel des unteren Steines über dem Abgrund schweben, während ein Viertel des oberen und drei Viertel des unteren Steins auf der Tischplatte liegen – damit herrscht nach wie vor Gleichgewicht.

Der dritte Stein kommt so darunter, dass er vom zweiten um ein Viertel überragt wird. Diese Konstruktion lassen wir so über die Tischkante ragen, dass der dritte Stein um ein Sechstel überkragt.

Mit etwas Bruchrechnung wird deutlich, dass von den drei Steinen 18/12 über die Kante ragen und 18/12 auf dem Tisch liegen.

Entsprechend legen wir einen vierten Stein unter die Konstruktion, so dass dieser um ein Achtel über die Tischkante ragt. Die Konstruktion bleibt immer noch im Gleichgewicht und hängt nun insgesamt um

$$\frac{1}{2}+\frac{1}{4}+\frac{1}{6}+\frac{1}{8}=\frac{25}{24}$$

über die Tischkante hinaus. Dieser Bruch ist größer als Eins und damit „schwebt" der oberste Stein bereits völlig über dem Abgrund. Hat man das Konstruktionsprinzip erkannt – die Nenner der Brüche sind aufeinander folgende gerade Zahlen – so kann man mindestens theoretisch beliebig große Überhänge erzeugen. Für einen Überhang von zwei Steinlängen muss man allerdings 31 Steine übereinander stapeln und für einen dreifachen Überhang schon 227 Stück. Einen Überhang um 4 Längen erreichen Sie nur mit viel Geduld und 1674 Steinen.

Das Spiel mit Bauklötzen ist also nicht nur Kinderkram. Vielleicht denken Sie daran, wenn Sie demnächst von einem Kind zum Mitbauen aufgefordert werden.

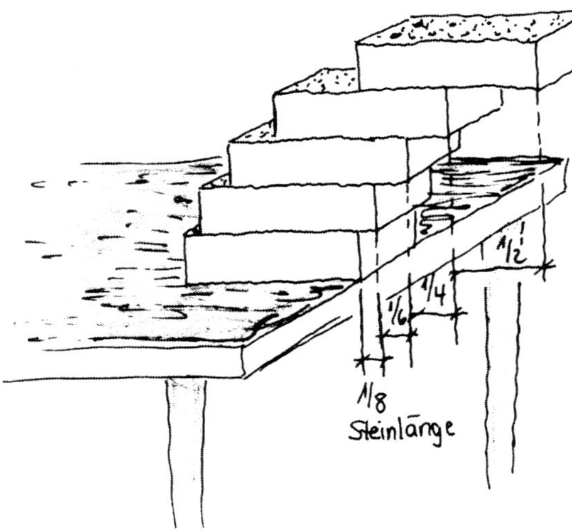

56. Warum Elefanten dicke Beine haben …

… und Insekten auf erschreckend dünnen Gliedmaßen laufen, können sicher auch die Biologen erklären. Aber natürlich hat dieses Phänomen zunächst mathematische Gründe. Um die zugrunde liegenden Zusammenhänge deutlich zu machen, sei zunächst an „King-Kong", den Riesenaffen oder an andere Monster erinnert, die beispielsweise als Rieseninsekten in Horrorfilmen Angst und Schrecken verbreiten. Tricktechnisch ist es relativ einfach, eine Ameise auf Hochhausgröße zu bringen und der Filmbesucher schaudert ob solcher Horrorszenarien. Konkrete Angst müssen wir vor solchen Kreaturen allerdings nicht haben und diese „Beruhigung" ist tatsächlich durch mathematische Zusammenhänge fundiert. Spielen wir diese anhand des menschlichen Körpers durch, in Märchen oder Filmen treten manchmal ja auch Riesen auf.

Unser „durchschnittlicher" Mensch wiege 75 kg. Dieses Gewicht resultiert im wahrsten Sinne des Wortes aus seiner „Leibesfülle", es hängt also direkt mit seinem Volumen zusammen. Wenn nun solch ein Mensch tricktechnisch „doppelt so groß" gemacht wird, dann wird sich sein Volumen und damit sein Gewicht verachtfachen! Dies rührt daher, dass sich das Volumen nach der Formel „Länge · Breite · Höhe" berechnet und wenn man sowohl die Länge als auch die Breite und die Höhe verdoppelt, so wird das Produkt um den Faktor 8 größer. Unser „doppelt so großer" Mensch wiegt also bereits 600 kg! Um einen Riesen von der Größe eines mehrstöckigen Gebäudes zu erzeugen, muss man etwa verzehnfachen, was zu einem 10 · 10 · 10 = 1000-fachen Gewicht führen würde. Um ein richtiges Monster zu schaffen, das in New York Auge in Auge mit den oberen Stockwerken der Wolkenkratzer durch die Straßen laufen könnte, bräuchte man mindestens den Faktor 100 und würde damit das einmillionenfache Gewicht erzeugen.

Unser Gewicht wird von unseren beiden Schienbeinen getragen, einem Knochen von etwa 5 cm Durchmesser. Nach der Flächenformel für den Kreis „Pi · Radiusquadrat" hat ein Schienbein eine Querschnittsfläche von knapp 20 Quadratzentimetern, beide Knochen zusammen knapp 40 cm^2. Für die Tragfähigkeit unser Knochen ist deren Querschnitt maßgeblich, jeder Quadratzentimeter Schienbeinfläche unseres „normalen" Menschen muss etwa 1,9 kg Gewicht tragen.

Lassen wir nun diesen Menschen tricktechnisch zum Riesen mutieren, dann vergrößert sich natürlich auch dessen Schienbeindurchmesser entsprechend. Allerdings wird für eine Flächeninhaltsberechnung nur „Länge · Breite" gerechnet, bzw. wird bei Kreisflächen der Radius mit sich selbst multipliziert. Für einen moderaten Riesen, den wir um den Faktor 10 vergrößert haben, wächst somit seine Schienbeinfläche um das $10 \cdot 10 = 100$-fache an – während sein Volumen und damit sein Gewicht um das 1000-fache anschwillt. Seine Schienbeine haben also die zehnfache Belastung auszuhalten! Entsprechend würde bei unserem 100-fachen Monster die Belastung der Schienbeine auf das 100-fache anwachsen.

Das Schienbein ist zwar ein Knochen mit einer sehr hohen Tragfähigkeit, irgendwann einmal ist aber auch dessen Belastbarkeit überschritten, sodass man ein Lebewesen tatsächlich nicht beliebig vergrößern kann. Die kritische Grenze wäre bei Insekten noch viel früher erreicht, da ihre Beine extrem dünn sind im Verhältnis zu ihrem Körpervolumen. Die Natur hat dies erkannt und größere und schwerere Lebewesen mit entsprechend kräftigeren Extremitäten ausgestattet.

57. Prosit Neujahr

Das Jahr 2008 – und damit das Jahr der Mathematik – neigt sich seinem Ende entgegen. Wenn ein altes Jahr verabschiedet und auf das neue angestoßen wird, dann kann die Mathematik auch dazu einen wesentlichen Beitrag leisten.

Sekt wird ja häufig in kegelförmigen Gläsern ausgeschenkt und manchmal mit Orangensaft gemischt. Die Beweggründe für das Mischen können so unterschiedlich sein wie die Absichten, die damit erzielt werden möchten: Der Eine möchte seine Fahrtüchtigkeit nicht verlieren und deshalb wenig Sekt mit viel Saft gemischt haben, der Andere mag es eher umgekehrt. Wie dem auch sei, bei zylindrischen Gläsern lassen sich die Mischungsverhältnisse anhand der Füllhöhen genau angeben: Bis zur halben Höhe mit Sekt eingeschenkt und der Rest mit Orangensaft aufgefüllt, ergibt ein Mischungsverhältnis von 50 zu 50. Bei kegelförmigen Gläsern, die unten spitz sind und nach oben immer weiter werden, ist dieser einfache Zusammenhang jedoch nicht mehr gegeben! Schätzen Sie doch einmal, welches Mischungsverhältnis Sie erhalten, wenn Sie ein kegelförmiges Glas bis zur halben Höhe mit Sekt füllen und den Rest mit Orangesaft aufgießen …

Klar, wenn man ein halb volles Sektglas vollends auffüllt, dann verdoppelt man die Flüssigkeitshöhe. Bei dem nach oben immer weiter werdenden Glas wird allerdings auch die Flüssigkeitsoberfläche vergrößert und zwar wird diese Fläche vervierfacht: Verdoppeln wir die Kantenlängen eines Quadrats, so wird dessen Flächeninhalt vervierfacht, dies kann man sich mit einer Skizze leicht selbst veranschaulichen. Verdoppeln wir den Radius eines Kreises, dann wird die Kreisfläche ebenfalls vervierfacht. Die Formel zur Berechnung des Kegelvolumens lautet: „1/3 Grundfläche · Höhe“. Und wenn wir nun die Grundfläche vervierfachen und die Höhe verdoppeln, dann haben wir das Volumen verachtfacht! Bis zur halben Höhe Orangesaft eingeschenkt und dann mit Sekt aufgefüllt liefert somit 1 Teil Saft und 7 Teile Sekt und damit ein verblüffendes Mischungsverhältnis von 12,5 zu 87,5.

Damit stellt sich die umgekehrte Frage, bis zu welcher Höhe man denn ein kegelförmiges Glas mit Sekt füllen muss, um nach dem Vollschenken mit Saft ein Mischungsverhältnis von 50 zu 50 zu erhalten? Der Taschenrechner liefert die Antwort, wenn man die dritte Wurzel aus 1/2 zieht: 0,7937. Also fast 80% der verfügbaren Glashöhe muss mit dem einen Bestandteil gefüllt werden, die restlichen 20% mit dem anderen, um ein ausgeglichenes Mischungsverhältnis zu erhalten.

58. Von Drachen, Schlangen und Krokodilen

Auf einer prähistorischen Insel lebten Schlangen, Krokodile und Drachen. Leider nicht einträchtig nebeneinander, vielmehr fraßen sie sich gegenseitig auf:

> Zum Frühstück verspeiste jeder Drache eine Schlange.
> Zum Mittagessen fraß jedes Krokodil einen Drachen.
> Am Abend würgte jede Schlange ein Krokodil hinunter.

Auf diese Weise dezimierte sich der Bestand zusehends, bis eines Abends (nach dem "Abendessen") nur noch eine einzige Schlange übrig war. Wie groß war der Bestand an Schlangen, Krokodilen und Drachen drei Tage vorher am frühen Morgen noch vor dem Frühstück?

Das Schöne an dieser Aufgabe ist, dass sie zur Lösung überhaupt keine "mathematischen Spezialkenntnisse" wie Formeln oder dergleichen voraussetzt. Jeder kann sie mit etwas Ausdauer, Logik und strukturiertem Vorgehen ohne Weiteres lösen. Ausdauer, Logik und Struktur sind aber wichtige Säulen der Mathematik, daher ist dies eine zutiefst mathematische Aufgabe.

Die Lösung erhält man, indem man vom Abend des letzten Tages zurückgeht: Wenn nach dem Abendessen noch eine Schlange übrig ist und diese Schlange zum Abendbrot ein Krokodil gefressen hat, dann müssen vor Beginn des abendlichen Vespers noch ein Krokodil und eine Schlange gelebt haben. Das Krokodil verspeiste am Mittag einen Drachen, deshalb waren es vor dem Mittagessen genau ein Drache, ein Krokodil und eine Schlange. Da der Drache eine Schlange frühstückte (und nach dem Frühstück noch eine Schlange übrig war), lebten vor dem Frühstück noch 2 Schlangen, ein Drache und ein Krokodil. Dies ist gleichzeitig die Konstellation nach dem Abendessen des Vortages.

Geht man auf diese Weise schrittweise auch die anderen Tage zurück, so findet man unschwer die Lösung: Drei Tage zuvor, vor dem Frühstück, lebten noch 60 Schlangen, 41 Drachen und 28 Krokodile.

Literaturhinweise

Für den schnellen Zugriff sind nachfolgend nochmals die bereits in den Fußnoten genannten Literaturhinweise sowie einige ebenfalls lesenswerte Ergänzungen aufgeführt. Vielleicht hat ja der eine oder die andere nach der Lektüre der hier bearbeiteten Themen Lust auf weitere Anregungen bekommen.

Behrends, Ehrhard: Fünf Minuten Mathematik, Vieweg, Wiesbaden 2006

Beutelspacher, Albrecht: In Mathe war ich immer schlecht …, Vieweg, Braunschweig 2001[3]

Beutelspacher, Albrecht: Mathematik für die Westentasche, Piper, München 2003[3]

Beutelspacher, Albrecht: Einmal sechs Richtige, Piper, München 2007

Devlin, Keith, J.: Muster der Mathematik – Ordnungsgesetze des Geistes und der Natur, Spektrum, Heidelberg 2002

Kehlmann, Daniel: Die Vermessung der Welt, Rowohlt, Reinbek bei Hamburg 2005

Ludwig, Matthias: Mathematik+Sport, Olympische Disziplinen im mathematischen Blick, Vieweg&Teubner, Wiesbaden 2008

Singh, Simon: Fermats letzter Satz, dtv, München, 2000

Singh, Simon: Geheime Botschaften, dtv, München, 2001

Dr. Helmut Albrecht, Jahrgang 1957, arbeitete nach dem Lehramtsstudium der Fächer Physik und Mathematik als Lehrer in Stuttgart und als Studienrat im Institut für Mathematik und Informatik der Pädagogischen Hochschule Ludwigsburg. Seit 2004 ist er Professor für Mathematik und ihre Didaktik an der Pädagogischen Hochschule Schwäbisch Gmünd.

Marlis Ulrich wurde 1959 geboren und lebt seither in Iggingen. Sie ist verheiratet und Mutter einer erwachsenen Tochter. Seit 1985 arbeitet sie selbständig im Bereich Architektur und Kunst. Sie zeichnet, malt, häkelt, klebt, sägt, schweißt, lötet und baut. Nebenher gibt sie noch Nachhilfe in Mathematik.

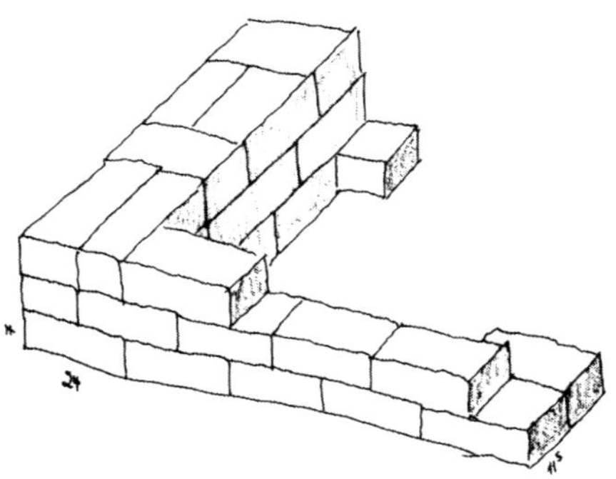